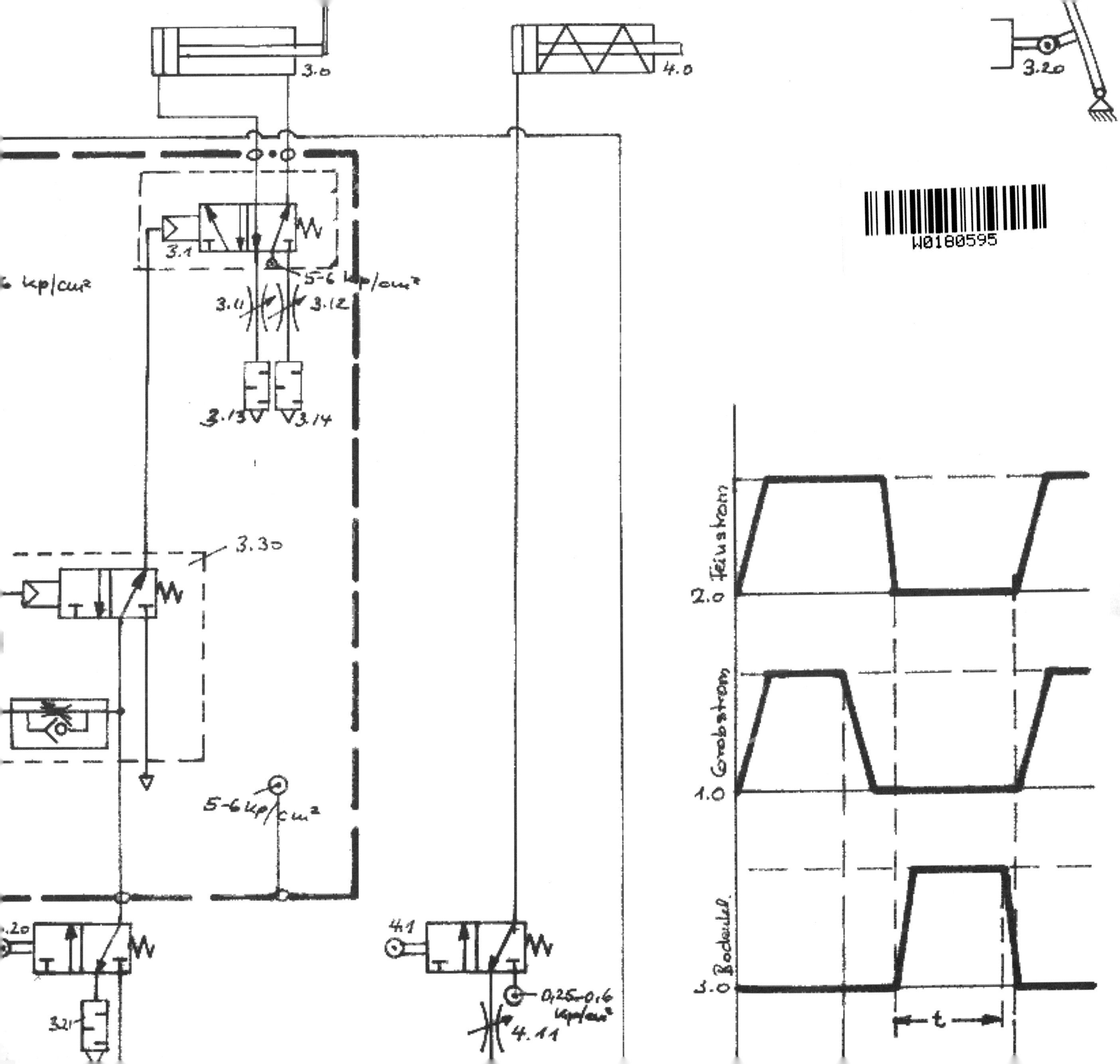
3.0
4.0
3.20
3.1
5-6 kp/cm²
3.11
3.12
3.13
3.14
3.30
5-6 kp/cm²
3.21
4.1
0,25-0,6 kp/cm²
4.11
2.0 Feinstrom
1.0 Grobstrom
3.0 Bodenteil
t

Joachim C. Römer – Ein Leben für die Technik

Impressum

Autoren: Julia Gäbler und Dr. Michael Kamp
Neumann & Kamp Historische Projekte, München

Gestaltung, Umschlag und Satz: Anne Dreesbach,
F. J. Keselitz, Agentur für angewandte Typografie, München
und Manuel Kreuzer Büro für visuelle Gestaltung, Hauzenberg

Gesamtherstellung: Mediengruppe UNIVERSAL, München
Dieses Buch wurde klimaneutral produziert.

Papier: 115 g/qm FLY FSC-Mix50 MS3

Schrift: Minion Pro von Robert Slimbach

Printed in Germany
ISBN 978-3-940061-69-0

Besuchen Sie uns im Internet:
www.augustdreesbachverlag.de
www.historische-projekte.de

Joachim C. Römer

Ein Leben für die Technik

August Dreesbach Verlag

Danksagung

Autorin und Autor danken für die breite Unterstützung, die dieses Buch in den Reihen der Freunde und Mitarbeiter von Joachim C. Römer gefunden hat. Sehr wichtig waren vor allem die vielen intensiven Gespräche, um sich der Persönlichkeit von Joachim C. Römer nähern zu können. Gespräche wurden geführt mit: Bolko von Brunn, Erika Eggelsmann, Eleonore Schmidt, Christian Zentner, Adelheid Schmidt-Thomé, Georg Maier, Richard Wander, Roland Meier, Robert Süß, Olav Römer, Alexander Hörterer, Leonhard Lanzl.

Olaf Kirsten, Robert Süß und Richard Wander haben uns sehr bei der Recherche nach Bildern zur Firmengeschichte geholfen.

Besonderer Dank gilt dem Bruder von Joachim C. Römer, Christof Römer, und der Ehefrau von Joachim C. Römer, Gabriela Römer. Ohne ihre Hilfe hätte dieses Buch nicht geschrieben werden können.

Inhaltsverzeichnis

Vorwort Eine Biografie hat die Aufgabe, ein Leben darzustellen. Aber ein Leben ist niemals in seiner Gesamtheit darstellbar, schon gar nicht auf wenigen Seiten in einem Buch. Es können immer nur Ausschnitte sein, die beschrieben werden.

Biografen versuchen natürlich, mit dem wenigen Platz, der zur Verfügung steht, das Leben eines Menschen zumindest in seinen Grundzügen abzubilden. Alle, die Joachim C. Römer kannten, müssen selbst entscheiden, ob uns das mit der vorliegenden Biografie gelungen ist.

Das Buch ist eine ganz besondere Biografie, weil sie zwar vor allem – wie es bei Biografien von Menschen, die etwas geschaffen haben, immer der Fall ist – das Lebenswerk in den Blick nimmt, aber auch ausführlich den Privatmann Römer vorstellt. Hier ist also eine Biografie entstanden, die Joachim C. Römer nicht nur als Techniker, Unternehmer und Stiftungsgründer zeigt, sondern auch als Menschen in seiner Privatheit. Dass dies möglich wurde, ist vor allem seiner Ehefrau Gabriela Römer zu verdanken, denn durch ihre einfühlsamen Schilderungen, die eine besondere Wirkung auf uns Autoren hatten, hat das Buch eine sehr persönliche Note bekommen.

Mit dem Buch sollen Joachim C. Römer und seine Arbeit gewürdigt werden, und es soll an ihn erinnert werden. Zwei Dinge hat Römer geschaffen, die dazu beitragen, dass die Erinnerung an ihn wachgehalten wird: seine Firma, in der viele Menschen arbeiten und damit ihr eigenes Leben gestalten können, und seine Stiftung, die helfen soll, jungen Menschen eine gute Ausbildung zukommen zu lassen.

Nicht, dass dieses Ziel – die Erinnerung – eine Motivation für Römers Wirken gewesen wäre; er war vielmehr daran interessiert, dass Dinge, und zwar vor allem technische Dinge, funktionieren. Aber sein Werk erinnert nun einmal auch an ihn. So ist das Buch gleichsam als eine Ergänzung seines Werkes zu verstehen.

Julia Gäbler *Michael Kamp*

[1]

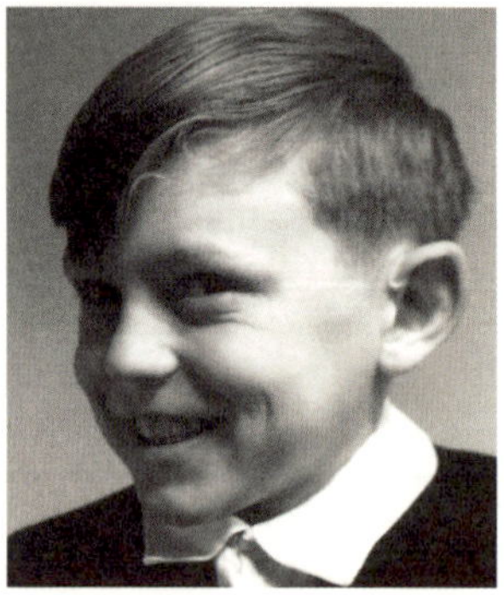

Kindheit und Jugend

Herkunft und Elternhaus Joachim Christian Römer, am 6. Februar 1938 in Pullach geboren, stammt aus einem gut situierten Elternhaus. Während sich sein Vater, Franz Römer, aus eher ärmlichen Verhältnissen hochgearbeitet hatte, gehörte seine Mutter Erika, geborene Herz, einer wohlhabenden Familie an. Die Mutter war Münchnerin, geboren am 10. Juni 1906, der Vater war in Völklingen an der Saar am 18. April 1904 zur Welt gekommen. Trotz der bescheidenen Verhältnisse hatte Franz, wie auch seine Brüder Karl und Paul, eine anständige Ausbildung erhalten. Die Römers waren fleißige, aufmerksame Schüler, die ihre Prüfungen stets bestens abschlossen. Franz Römer entschied sich nach der Schule für ein Studium der Chemie und Volkswirtschaftslehre. Er promovierte 1930 sogar und zwar mit dem Thema „Die wirtschaftliche Bedeutung der Saar als Wasserstraße".[1]

Nach seiner Studienzeit war Franz Römer zunächst als Kaufmann bei dem familiengeführten Stahlunternehmen Röchling im Saargebiet tätig, bevor er später nach München zog und seine Tätigkeit bei den Gebrüdern Röchling in der bayerischen Landeshauptstadt fortsetzte. Hier lernte er 1931 Erika Herz kennen, seine erste Ehefrau. Sie war als ausgebildete Kindergärtnerin bei der Stadt München angestellt. Ihr Vater, Johann Baptist Herz, war Direktor der Deutschen Bank und dort für die Auslandsdevisengeschäfte verantwortlich. Eigentlich hatte er sich für seine Tochter einen vermögenden Ehemann gewünscht, weshalb er lange gegen die Heirat mit Franz Römer war. Letztendlich gab er ihr zuliebe seine Einwilligung, sodass sie Franz am 18. Juli 1931 heiraten konnte. Als großzügiges Hochzeitsgeschenk erhielt Erika von ihrem Vater ein Haus in der Pullacher Gistlstraße, das 1933 gebaut und 1936 von dem jungen Paar bezogen wurde.

Nach ihrer Hochzeit verschlug es die Römers jedoch erst einmal nach Burg bei Magdeburg, wo Franz seine Arbeit als Direktor am gerade erst gegründeten Unternehmensstandort der Ersten Deutschen Knäckebrotwerke Dr. Wilhelm Kraft, heute bekannt als Burger Knäcke GmbH, aufnahm. In Anlehnung an die schwedische Firma Wasa entwickelte das Unternehmen 1927 das erste Knäckebrot in Deutschland.

Hochzeit von Erika und Franz Römer. Obwohl Erikas Vater einen wohlhabenden Ehemann für sie vorgesehen hatte, entschied sie sich für Franz Römer und heiratete ihn im Juli 1931.

Zwei Jahre nach ihrer Hochzeit, am 7. Mai 1933, brachte Erika ihr erstes Kind zur Welt, einen Sohn, der auf den Namen Hanspeter getauft wurde. Da Erika eine sehr heimatverbundene Frau war, beschlossen die Römers 1936, nach Bayern zurückzukehren und ihr Haus in der Pullacher Gistlstraße zu beziehen. Franz Römer wechselte deshalb zur Feurich-Keks AG in München, wo er bis 1945 als Verkaufsleiter tätig war. Neben dem Produktionsstandort München unterhielt die Firma auch einen gut laufenden Musterladen in der Würzburger Innenstadt.[2]

Pullach – Geburts- und Heimatort von Joachim C. Römer Joachim C. Römer wurde am 6. Februar 1938 in Pullach als zweites Kind der Römers geboren. In Pullach verbrachte er seine Kindheit und Jugend, hier gründete er sein Unternehmen. Pullach war Joachim Römers Heimat und Lebensmittelpunkt. Der Ort zeichnet sich durch eine herrliche Lage aus: Am westlichen Hochufer der Isar gelegen, befinden sich im Norden die Großstadt München, mit allem, was eine Großstadt zu bieten hat, im Süden die oberbayerischen Seen und das Alpenvorland. Heute zählt der Ort etwa 8.500 Einwohner und bietet rund 6.000 Arbeitsplätze.[3]

Die Pullacher Gistlstraße, in der sich das Haus von Joachim C. Römer befindet, wurde nach dem von 1902 bis 1911 amtierenden Bürgermeister Georg Gistl benannt. Gistl hatte trotz seiner gesellschaftlichen Stellung als Stadtoberhaupt beim Straßenbau in Pullach mitgearbeitet und wurde wegen seines oft selbstlosen Einsatzes für die Gemeinde zum Ehrenbürger Pullachs ernannt.[4]

Eine besondere Rolle für die Wirtschaft und das alltägliche Leben in Pullach spielte die Isartalbahn. Der Ausbau des Eisenbahnnetzes innerhalb des ganzen Landes war eine wesentliche Voraussetzung für das Wachstum der deutschen Wirtschaft im 19. Jahrhundert. 1887 wurde die Lokalbahn-Aktiengesellschaft in München gegründet. Die Gesellschaft errichtete zwischen 1888 und 1898 viele Bahnstrecken innerhalb Deutschlands, aber auch in Österreich und Ungarn. Schließlich übernahm die Lokalbahn-Aktienge-

Erika und Franz Römer bei einem gemeinsamen Ausflug in den Bergen. Nachdem die Römers geheiratet hatten, zogen sie zunächst nach Burg bei Magdeburg. Dort begann Franz Römer seine Arbeit als Direktor der Ersten Deutschen Knäckebrotwerke Dr. Wilhelm Kraft.

sellschaft die Planung und den Bau der Isartalbahn, die zu einer „Lebensader Pullachs" werden sollte.[5] 1890 begannen die Bauarbeiten für die Teilstrecke Thalkirchen-Ebenhausen, danach folgte der Abschnitt zwischen Ebenhausen und Wolfratshausen. 1896 wurde mit dem Ausbau der Strecke München-Wolfratshausen eine Gesamtlinienlänge von 51 km erreicht. 1898 war der Bau der Isartalbahn vollendet: Das Isartal mit dem anschließenden Loisachtal bis hin zum Alpenrand war nun für den Verkehr erschlossen. Die Isartalbahn stellte die kürzeste Verbindung zwischen den Alpen und München dar. Im Laufe der Zeit wurde die Bahn auch für Pullach immer wichtiger, da sie einerseits den wachsenden Ausflugsverkehr bediente und andererseits als Beförderer des täglichen Berufsverkehrs von und nach München fungierte. Im Zuge des Ersten Weltkrieges und der katastrophalen Inflation von 1923 geriet auch die Isartalbahn in finanzielle Schwierigkeiten. Dann kam die Weltwirtschaftskrise. 1932 waren die Verluste so hoch, dass der Betrieb radikal eingeschränkt werden musste. Um den völligen wirtschaftlichen Ruin zu verhindern, wurde die Isartalbahn im August 1938 verstaatlicht. 1972 wurden die Bahnstrecken der Linie schließlich in den Münchner Verkehrsbund eingegliedert, was das Ende für die historische Isartalbahn bedeutete.

Um die Jahrhundertwende waren es neben dem Bau der Isartalbahn drei Faktoren, die wesentlich zum schnellen Wachstum des Ortes Pullach beigetragen haben: zum einen die Errichtung des Wasserkraftwerks Höllriegelskreuth 1894, zum anderen die Ansiedlung der Luftverflüssigungsanlagen der heutigen Linde AG 1901/02 und der heutigen Peroxid-Chemie GmbH 1911, ebenfalls in Höllriegelskreuth. In Pullach selbst wurde im Oktober 1894 die Isarwerke GmbH gegründet, welche fortan für die Stromversorgung des Ortes sorgte. Unter diesen wirtschaftlichen Voraussetzungen und durch die Nähe zu München entwickelte sich Pullach sehr gut. Schrittweise entdeckten auch die Münchner Pullach als Wohnort, während sie weiterhin ihre Arbeitsstätten in der Großstadt hatten, sodass ein reger Pendlerverkehr entstand.

Der Pullacher Bahnhof. 1890 begannen die Bauarbeiten für die Isartalbahn, die für Pullach eine zentrale wirtschaftliche Bedeutung bekam. 1891 wurde die Teilstrecke zwischen Thalkirchen und Ebenhausen eröffnet.

Eine Aufnahme von Joachim C. Römers Geburts- und Heimatort Pullach. Im Süden der bayerischen Landeshauptstadt München gelegen, zählt Pullach heute etwa 8.500 Einwohner.

Die Vorzüge des Ortes erkannten auch die Nationalsozialisten, die 1933 die Macht in Deutschland übernommen hatten. 1937/38 errichteten sie hier die Reichssiedlung Rudolf Heß, die für höhere Parteibedienstete der NSDAP Wohnraum bieten sollte. Der Bauplatz war bewusst außerhalb der Stadt München gewählt worden, um nicht direkt im Zentrum des Geschehens zu sein, aber immer noch nah genug, um es schnell zu erreichen. Bauherr der Siedlung war Martin Bormann, Leiter des Stabs des Führer-Stellvertreters Heß.[6] Im Jahr der Fertigstellung wurde unweit von dort Joachim Römer geboren.

Frühe Kindheit in den Kriegsjahren Mit dem Überfall auf Polen am 1. September 1939 begann Deutschland den Zweiten Weltkrieg. Zu diesem Zeitpunkt war Joachim gerade zwei Jahre alt. Im September 1942 kam es zu den ersten schweren Luftangriffen auf das Pullacher Industriegebiet. Es folgten weitere Angriffe Ende Dezember.[7] Im Jahr darauf wurden die berühmten Bürgerbräu-Terrassen, welche am Isarhochufer lagen,[8] und die Philosophische Hochschule Berchmanskolleg Pullach, die seit 1940 auch als Hilfskrankenhaus diente, zerstört. Glücklicherweise waren in der Nacht vor dem Angriff, dem das Berchmanskolleg zum Opfer fiel, sämtliche Patienten in die Pullacher Volksschule verlegt worden, sodass keine Menschen ums Leben kamen.[9] Die Lage außerhalb der Stadt München sollte sich im Bombenkrieg gar als vorteilhaft erweisen, da es im Vergleich zur bayerischen Landeshauptstadt nur wenig Zerstörungen in Pullach gab.

Trotz einer gewissen Linientreue rechnete Franz Römer, der seit 1933 amtloses Mitglied der NSDAP war, schon 1943 nicht mehr mit einem Sieg Deutschlands über die Alliierten. Aufgrund der zunehmenden Luftangriffe veranlasste er, dass seine Frau Erika ihren dritten Sohn Christof nicht in Pullach, sondern fernab des Kriegsgeschehens in Kempten zur Welt bringen sollte. Christof wurde dort am 13. September 1943 geboren.[10]

Zur Jahreswende 1943/44 errichteten die Nationalsozialisten unweit vom Wohnort der Römers das „Führerhauptquartier Siegfried“. Es sollte als

Joachim Römer auf seinem Vierrad. Joachim wurde als zweiter Sohn der Römers am 6. Februar 1938 in Pullach geboren.

Ausweichquartier zum Obersalzberg dienen, wurde als solches aber nie genutzt.[11] Währenddessen wirkte sich der Bombenkrieg weiter auf Pullach aus. Je stärker München bombardiert wurde, desto mehr Menschen, Firmen und Behörden verließen die Stadt. Ende 1944 bezog die Reichsbahndirektion München die Gebäude des Berchmanskollegs. Das Kolleg zog in das Minoritenkloster von Maria Eck bei Traunstein und kam erst im Oktober 1945 nach Pullach zurück.[12]

1944 kam es zum schwersten Bombenangriff auf Pullach. Joachim Römer erzählte später, dass er die Bombenangriffe in seiner kindlichen Naivität eigentlich immer als sehr abenteuerlich empfunden hatte. Mit dem Angriff am 19. Juli 1944 zielten die Amerikaner auf die Pullacher Industrie. Allerdings wurden 29 Zivilisten getötet und auch 19 Wohnhäuser zerstört und 29 schwer beschädigt. An jenem Tag fielen insgesamt mehr als 1.000 Sprengbomben auf Pullach, eine auch in den Garten der Römers. Noch heute existiert im Nachlass von Joachim Römer die Hülse einer Bombe.

Auch die Pullacher Volksschule stand während der Kriegsjahre vor enormen Herausforderungen. Fliegeralarm und Luftangriffe beeinträchtigten den Unterricht, Kohlemangel sowie Ernteeinsätze von Lehrern und Schülern erschwerten den Alltag zusätzlich. Am 26. April 1945 wurde der Schulbetrieb ganz eingestellt. Die Schule wurde erst am 1. Oktober 1945 wieder eröffnet. Dabei standen für 326 Schüler gerade einmal vier Lehrer zur Verfügung, zwei davon waren Flüchtlinge.

Pullach in der Nachkriegszeit Das Kriegsende erlebten die Pullacher am 1. Mai 1945, als amerikanische Truppen in die Ortschaft einmarschierten. Wenige Tage zuvor war im Zuge der Taktik der „verbrannten Erde" die Grünwalder Isarbrücke von einer SS-Einheit gesprengt worden.

Joachim Römer erinnerte sich später an seine erste Begegnung mit einem Afroamerikaner. Römer besaß das Buch „Die 10 kleinen Negerlein", und als ein US-Soldat, ein Afroamerikaner, das Haus in der Gistlstraße betrat, war Joachim nicht etwa erschrocken, sondern zeigte dem Soldaten

Joachim Römer mit den Gänsen der Familie. Schon früh entdeckte Joachim Römer seine Liebe zu Tieren. Häufig trugen ihm seine Eltern auf, sich um die zahlreichen Haustiere zu kümmern.

forsch das Buch. Der G. I. war recht begeistert, schenkte dem Kind etwas Schokolade und nahm es eine Runde im Jeep mit.

Ein Bürger beschrieb die erste Zeit der Besatzung in seinem Tagebuch: „Seit vierzehn Tagen erleben wir die Besetzung unserer Heimat durch die Amerikaner. Schwere und schwerste Panzer, große Lastwagen und kleine offene Kraftwagen rollen ununterbrochen von der Stadt zum Dorf zurück. … Während der ersten Tage gingen Soldaten die Häuser ab und fragten nach Waffen, immer höflich und vorbildlich in Verhalten und Auftreten." Zur aktuellen Ernährungslage heißt es: „Wir müssen versuchen, uns durchzuhungern, bis die kommende Ernte uns weiterhilft. Bislang sieht es damit recht trüb aus. Ein paar Schnitten Schwarzbrot zum Frühstück. Mittags und abends Kartoffeln. Sonntags ein Bröckerl Fleisch."[13]

Auch nach 1945 blieben die USA in Pullach präsent. 1947 übernahm die „Organisation Gehlen", deren Name auf ihren Leiter General Reinhard Gehlen zurückging und die seit 1946 mit den US-Amerikanern zusammenarbeitete, die Pullacher Rudolf-Heß-Siedlung. Gehlen war in der NS-Zeit Wehrmachtsgeneral und Leiter der Abteilung „Fremde Heere Ost" (FHO) gewesen und übergab nach Kriegsende Teile seiner Abteilung sowie alle FHO-Unterlagen an die Amerikaner.[14] Ziel dieser Geheimorganisation war die nachrichtendienstliche Informationsbeschaffung über die östlichen Streitkräfte sowie über die politischen, gesellschaftlichen, wirtschaftlichen und militärischen Verhältnisse in der sowjetischen Besatzungszone gewesen.

Im Vergleich zu anderen Familien, denen es nach dem Krieg am Nötigsten mangelte, ging es den Römers recht gut, was vor allem auf das Organisationstalent und den Geschäftssinn des Vaters zurückzuführen war. Geschickt verstand er es, mit verschiedensten Waren zu handeln und so das Einkommen der Familie zu sichern. Der Vater war dann übergangsweise bei der Firma Georg Wolf, Dauerbackwaren und Süßwaren Großhandel München beschäftigt, bevor er sich als selbstständiger Werksvertreter bei der Chemischen Fabrik Grünau einkaufte.

Joachim mit seinem Bruder Christof. Christof, dessen Spitzname „Didi" lautete, war der jüngste der Römer-Brüder.

Die Brüder Joachim, Christof und Hanspeter Römer. Die Geschwister verbrachten viel Zeit miteinander und waren durch ihre Streiche in der gesamten Nachbarschaft bekannt.

Die Römers konnten es sich leisten, eine Haushaltshilfe anzustellen. Auch einen Mercedes – für die meisten Deutschen in der Nachkriegszeit undenkbar – besaßen sie. Die Kinder profitierten ebenfalls von Franz Römers Erfolg. So waren sie etwa in der Lage, in jener entbehrungsreichen Zeit ihren Spielkameraden häufig Schokolade zu schenken.

Joachim Römer hatte eine schöne Kindheit, in der er viel Zeit mit seinem geliebten Großvater Johann Herz verbrachte. Obwohl er schon als Kind nicht so gern zu Fuß unterwegs war, begleitete er seinen Opa auf langen Spaziergängen, bei denen sie die Natur der ländlichen Umgebung genossen. Fahrzeuge aber waren sein liebstes Thema, von Kindheit an bis ins hohe Alter.

Schon in frühen Kindheitsjahren entdeckte Joachim sein kaufmännisches Geschick. So erbrachte er etwa keine „Dienstleistung", ohne einen entsprechenden Lohn zu erhalten. Seinen Einnahmequellen waren keine Grenzen gesetzt. Ihm war beispielsweise das an der Isar gelegene Depot der Amerikaner bekannt geworden, in dem Radios und andere elektrische Geräte gelagert wurden. Joachim besorgte sich einige Geräte, die nicht mehr funktionierten, reparierte sie und verkaufte sie dann in der Schule.

„Jokl", wie Joachim in der Familie und von Freunden genannt wurde, war ein sehr aktives Kind, das schon früh seine Liebe zu Tieren entdeckte. Vor allem die Gans Albert hatte es ihm angetan, die ihn auch ab und zu von der Schule abholte. Von seinen Eltern erhielt „Jokl" zudem den Auftrag, sich um die Haustiere – Enten, Hühner, seine Gans und das Schaf Evi – zu kümmern, was er auch mit großer Freude tat. Joachim hatte nie Zeit, schon gar nicht, wenn die Mutter ihn zum Essen rief. Lieber saß er in seinem Baumhaus und bastelte oder kümmerte sich um die Tiere.[15]

Mit seinen beiden Brüdern Hanspeter und Christof verbrachte „Jokl" viel Zeit. Nicht selten kam es dabei vor, dass sich die Geschwister in die Wolle bekamen und „rauften" – meist unter Beobachtung der Nachbarn, bei denen die „Römer-Buben" für ihre Wildheit bekannt waren. Christof hatte Spaß daran, Joachim durch seine Streiche zur Weißglut zu bringen. So

[17] Pullach in der Nachkriegszeit

löste er beispielsweise eine Schraube an dessen Fahrrad, sodass Joachim unter lautem Getöse auf die Nase fiel. Im Gegenzug musste Christof, der auf den Spitznamen „Didi“ hörte, häufig herhalten, wenn Joachim Wutanfälle bekam, weil seine technische Bastelei nicht gelang oder er auch nur mit dem Schraubenzieher abrutschte. Die Geschwister waren in ihrem ganzen Wesen sehr unterschiedlich: Hanspeter war der Intellektuelle, Joachim der technisch Begabte, Tierliebende und Christof der Kunstbegabte.[16]

In der Volksschule war Joachim vor allem bei den Mädchen sehr beliebt. Er hatte den Spitznamen „Charming Joachim“. Durch seine zuvorkommende, freundliche Art fiel es ihm leicht, Klassenkameradinnen zum Schreiben seiner Hausaufgaben zu überreden.

In der Nachkriegszeit war die Situation in der Volksschule nicht einfach. Aufgrund des anhaltenden Kohlemangels konnte nur in zwei Klassenzimmern unterrichtet werden. Hinzu kam die schlechte Ernährungslage, die es Schülern wie Lehrern schwer machte, sich zu konzentrieren. 1947 wurden einem Schüler pro Tag nur 10 g Fett, 10 g Fleisch, ⅛ l Trockenmagermilch, 7,5 g Roggenmehl, 5 g Zucker sowie 100 g Kartoffeln vom Ernährungsamt zugeteilt. Entsprechend fiel eine amtsärztliche Untersuchung der Schulkinder im Mai 1947 aus: Von 328 Schülern waren lediglich 32 „normal ernährt“, 106 „schlecht ernährt“ und 120 „sehr schlecht ernährt“. 70 Kinder wurden sogar als „sanatoriumsreif“ eingestuft.[17]

Mit der Währungsreform 1948 trat für die Westzonen eine deutliche Besserung der Lebensbedingungen ein, und der Alltag kehrte allmählich auch wieder in das Leben der Pullacher zurück. 1949 wurde die Wohnungsbaugesellschaft Pullach i. Isartal mbH gegründet, welche sich in ihren Anfangsjahren fast ausschließlich auf den Neubausektor konzentrierte und das Stadtbild Pullachs nachhaltig prägte.[18]

Ähnlich wie die Römers erlebte auch die Familie Herz nach dem Krieg einen Aufschwung. Nachdem Max Herz[19], Cousin von Erika Römers Vater, nach Amerika ausgewandert war und dort eine Lehre zum Rohkaffeehändler gemacht hatte, kehrte er nach Deutschland zurück und gründete 1949,

Joachim mit seinem Bruder Hanspeter. Während sich Joachim von klein auf für technische Dinge interessierte und viel herumbastelte, zog sich Hanspeter oft zurück und las Bücher.

gemeinsam mit Carl Tchilling-Hiryan, den Kaffeeversand Frisch-Röst-Kaffee Carl Tchilling GmbH in Hamburg, bekannt unter dem Namen Tchibo, der aus den Anfangsbuchstaben von Tchilling und Bohne zusammengesetzt ist. 1951 wurde Herz alleiniger Geschäftsführer und entwickelte das Unternehmen innerhalb kürzester Zeit zu einem florierenden Geschäft. Schon zu Kriegszeiten galt Kaffee als Mangelware. In der Not versuchten viele Menschen, aus Runkelrüben, Gerste oder Eicheln einen Ersatz für das beliebte Getränk herzustellen, bis 1947 endlich wieder Kaffee in die westdeutschen Besatzungszonen importiert werden durfte.[20]

Herz und sein Kompagnon hatten die innovative Idee, Kaffee per Post zu versenden, da der Aufbau einer konventionellen Vertriebsstruktur im vom Krieg zerstörten Deutschland kaum möglich war. Im Laufe der Jahre entwickelte sich Tchibo durch seine kontinuierlichen Produkterweiterungen und Filialeröffnungen zu einem der erfolgreichsten Unternehmen in Deutschland. Max Herz leitete das Kaffeeimperium bis zu seinem Tod 1965, danach übernahm sein Sohn Günter die Geschäftsführung.[21]

Auf dem Gymnasium in Icking von 1948 bis 1956 Wie seine Brüder Hanspeter und Christof besuchte auch Joachim Römer das Gymnasium Icking, welches etwa 15 km von Pullach entfernt liegt. Als Joachim Römer 1948 seine Schulzeit in Icking begann, blickte das Gymnasium auf eine 27-jährige Geschichte zurück. Es war 1921 von dem Volksschullehrer Alfred Vogel und einer Elterninitiative als Privatschule gegründet worden. Unterrichtet wurden die Fächer Deutsch, Mathematik, Erdkunde, Geschichte, Naturkunde, Französisch, Religion, Musik und Latein. Auf Wunsch konnte man auch Griechisch lernen.[22]

Aufgrund unzureichender Platzverhältnisse zog die Schule im April 1922 in ein neues Gebäude um, doch im August 1923 brannte das Schulgebäude völlig nieder, sodass schon nach einem Jahr ein Neubau notwendig wurde.[23] Während des Zweiten Weltkrieges stiegen die Schülerzahlen in Icking enorm an, was vor allem mit den schweren Luftangriffen auf das

Joachims Mutter Erika Römer. Sie wurde 1906 in München geboren und stammte aus einer Bankiersfamilie.

nahe gelegene München zusammenhing. Da auch zahlreiche Schulen zerstört wurden, brachten viele besorgte Eltern ihre Kinder ins Isartal und ließen sie dort am Unterricht teilnehmen. Allerdings warf der Krieg auch auf die Ickinger Schule seine Schatten, sodass der Unterricht zunehmend beeinträchtigt wurde. Beispielsweise wurde etwa der Omnibusverkehr eingeschränkt oder 1940 das Schuljahr bereits zwei Wochen früher beendet, damit die Schüler bei landwirtschaftlichen Tätigkeiten helfen konnten. Hinzu kam, dass immer mehr Lehrer einberufen wurden, was Unterrichtsausfälle und Vertretungen zur Folge hatte. Im April 1945 funktionierte man die Ickinger Schule in eine Herberge für Flüchtlinge um, deren Zahl sich bis 1948 auf 848 Menschen belaufen sollte.[24]

Nach Kriegsende hatte die Schule mit verheerenden Zuständen zu kämpfen: „Es sah damals schauderhaft aus. Kein ganzes Fenster, kein einziger Ofen, keine einzige Glühbirne, kein Pfund Kohle, zertrümmerte Bänke, Stühle, Türen, Schmutz über Schmutz. KZ-ler im Hauptgebäude, immer wieder Plünderung, Einbruch und Störung durch Truppen in bunter Reihenfolge“,[25] so Landrat Hans Thieme über die Situation nach Kriegsende.[26] Am 22. November 1945 wurde der Unterricht schließlich wieder aufgenommen. Allerdings standen für die knapp 200 Schüler aus allen sechs Klassen lediglich vier Klassenzimmer zur Verfügung, da die anderen Räume noch bis 1947 von Flüchtlingen belegt waren. Als schwierig erwies sich auch das Fehlen eines pädagogischen und inhaltlichen Konzepts für den Unterricht. Die Benutzung der Schulbücher aus dem Dritten Reich kam nicht in Frage, sodass die Lehrer ihr Wissen nur mündlich vermitteln konnten. Auch die von Hunger und Kälte bestimmten Lebensbedingungen machten es den Kindern und Lehrkräften schwer, den Schulalltag zu meistern.[27]

Im Mai 1949 genehmigte das Ministerium die Erweiterung der Schule um die achte Klasse, sodass Schüler erstmals ihre Reifeprüfung in Icking ablegen konnten. Nur ein Jahr später, zu Beginn des Schuljahrs 1950/51, wurde die Bildungseinrichtung in ein Realgymnasium mit Latein als erster Fremdsprache umgewandelt. Fortan trug sie den Namen „Realgymnasium

Joachims Vater Franz Römer in den 1950er Jahren. Bevor der aus Völklingen stammende Diplom-Volkswirt nach München kam, war er für das Familienunternehmen Röchling Stahl im Saarland tätig.

des Zweckverbands Icking-Wolfratshausen, – Oberrealschule im Abbau – in Icking". 1950 wurde die Ickinger Bildungseinrichtung schließlich zu einem vollwertigen Gymnasium, und 17 Abiturienten konnten die Schule mit den ersten Ickinger Reifezeugnissen verlassen. 1952 wurde wegen der stetig wachsenden Schülerzahl ein neues Grundstück erworben, auf dem ein größeres Gebäude mit Fach-, Neben- und Verwaltungsräumen entstand.

Ab und zu fuhr Joachim Römer mit seinen Schulkameraden mit der Eisenbahn nach Höllriegelskreuth, um von dort aus in den Dampfzug zum Isartalbahnhof zu gelangen. Vor allem im Winter gestaltete sich der Schulweg beschwerlich, da sich das Gymnasium nicht direkt an der Haltestelle, sondern auf einer Anhöhe befand, welche die Schüler zu Fuß bewältigen mussten. Joachim bekam von seinem Vater das Fahrgeld für die Isartalbahn, doch meistens sparte er es und fuhr stattdessen – sogar im Winter – mit dem Fahrrad. Viel später war er noch überzeugt davon, dass er seine „strammen Wadln" in dieser Zeit bekommen habe.[28]

In Joachim Römers Jahrgang bildeten sich schnell verschiedene Cliquen heraus. So gab es, in Anlehnung an die jeweiligen Heimatorte der Schüler, die Gruppen der Ickinger, Beuerberger und die der Städter. Römer zählte sich zu Letzterer und ließ es sich mit seinen Freunden nicht nehmen, die anderen Mitschüler als „Bauern" zu bezeichnen. Schließlich kam man doch selbst aus der „wohlhabenden" Stadt und meinte, man sei „gebildet und kulturell interessiert".[29]

Joachim Römer galt als durchschnittlicher Schüler, der in dem einen oder anderen Fach auch gern mal seine Gedanken schweifen und sich vom Unterrichtsgeschehen ablenken ließ. Vom Sportunterricht ließ er sich oft befreien. Auch ins Skilager wollte er nicht, da er es nicht mochte, mit anderen im gleichen Zimmer schlafen zu müssen.[30]

1951 traf die Familie Römer ein schwerer Schicksalsschlag, der sich auch auf die schulische Laufbahn von Joachim auswirken sollte. Sein älterer Bruder Hanspeter war begeisterter Bergkletterer und nahm im Herbst 1951 an einer von seinem Sportlehrer organisierten Tour in der Benediktenwand teil. Nachdem sich ein Befestigungshaken gelöst hatte, rutschte er aus und verlor das Gleichgewicht. Ein Mädchen der Gruppe versuchte, Hanspeter festzuhalten, aber sie schaffte es nicht und stürzte mit ihm in die Tiefe. Nachdem diese Tragödie bekannt geworden war, brach für die Familie Römer eine Welt zusammen. Alle befanden sich in einem Schockzustand, Vater Franz erlitt einen Nervenzusammenbruch. Tief verletzt und voller Trauer suchte man die Schuld bei dem Sportlehrer von Hanspeter, der nach dem tragischen Unglück an eine Starnberger Schule versetzt wurde. Joachims Familie konnte nicht verstehen, warum niemand für den Unfall zur Verantwortung gezogen wurde. Deshalb bemühten sich Joachim Römer, der damals gerade 13 Jahre alt war, und sein Vater selbst um Aufklärung und stellten Nachforschungen zu dem Unglück an. Die Nachforschungen verliefen allerdings nicht erfolgreich, sodass der Fall nach einer gewissen Zeit abgeschlossen wurde. Für Joachim Römer, der den Tod seines Bruders bis an sein Lebensende nicht verwinden konnte, begann eine sehr schwere Zeit. Seine schulischen Leistungen nahmen ab, und sein Verhältnis zu den Ickinger Lehrern wurde aufgrund der Geschehnisse immer schlechter.[31]

Joachim Römer (Zweiter von rechts, hintere Reihe) mit seinen Klassenkameraden auf dem Gymnasium Icking. Die Schule wurde 1921 gegründet und liegt etwa 15 Kilometer von Pullach entfernt.

Trotzdem können einige Lehrer als prägend für Joachim Römer angesehen werden: Das war neben Schuldirektor Walter Niklas, der von vielen nur als „Boss" bezeichnet wurde, vor allem Wolfgang Lehner, der zwischen 1950 und 1970 Kunstunterricht am Ickinger Gymnasium gab. 1953 gestaltete Römer mit ihm gemeinsam das Bühnenbild für das Theaterstück „Unsere kleine Stadt", das von Schülern vorgetragen wurde. Neben seiner zeichnerischen Fähigkeit entwickelte Joachim auch sein schauspielerisches Talent, welches er nicht selten dazu benutzte, seine Lehrer oder Mitschüler zu imitieren. Vor allem der Deutsch-, Geschichts- und Erdkunde-Lehrer Walter Schlusnus musste oft als „Opfer" für Römers Nachahmungen herhalten, was bei den Mitschülern für Gelächter und Beifall sorgte. Wegen seiner Begabung war es auch kaum verwunderlich, dass Römer 1954 eine Hauptrolle in „Das Ickinger Weihnachtsspiel" erhielt, das von Schülern des Gymnasiums aufgeführt wurde. Überzeugend und fesselnd spielte Römer die

Figur des Teufels, der sich neben Maria, Josef und einem Engel behaupten musste.[32]

Angetrieben von seinem Erfolg und der Freude an der Schauspielerei besuchte Joachim 1955/56 gemeinsam mit drei Klassenkameradinnen das „Seminar für Ausdrucksschulung" in München, das unter der Leitung des Intendanten und Schauspielers Professor Eugen Herbert Kuchenbuch stand. Hier konnte der talentierte Römer seine schauspielerischen Fähigkeiten vertiefen, indem er lernte, wie man sich bewegt, ausdrückt und Dinge pantomimisch darstellt. Im Rahmen des Seminars übernahm Joachim 1956 die dritte Hauptrolle in der bayerischen Komödie „Das Klavier im Kuhstall", aufgeführt im Münchner Sophiensaal. Geschrieben wurde das Stück vom Gründer des heutigen Theaters am Sozialamt, Helmut Fischer, besser bekannt als Philip Arp.

Joachim Römer bei einer Theateraufführung. 1955/56 besuchte der talentierte Römer das „Seminar für Ausdrucksschulung", das von dem Schauspieler und Intendanten Professor Kuchenbuch geleitet wurde.

Römer besuchte später die Otto Falckenberg Schauspielschule, von der ihm eine große Begabung attestiert wurde. Nach drei Semestern gab er seine schauspielerischen Ambitionen jedoch wieder auf, weil ihm bewusst wurde, dass ein Schauspieler auch körperlich oft Extremleistungen erbringen muss. Joachim Römer mochte aber keinen Sport, er wollte zum Beispiel nicht reiten lernen.[33]

Neben seinem Faible für das Künstlerische war es vor allem die Technik, die Joachim Römer von früher Jugend an begeisterte. Schon während seiner Schulzeit am Ickinger Gymnasium verbrachte er viele freie Nachmittage in der Werkstatt seines Vaters, um an technischen Geräten, Radios oder Autos zu schrauben und Dinge auszuprobieren. So ließ ihn Joachims Vater mit gerade einmal 15 Jahren das erste Mal mit seinem Auto fahren. Vor allem sein erstes eigenes Auto bescherte Römer kostbare Glücksmomente. Es handelte sich dabei um einen Opel 4 PS. Die ersten Fahrzeuge rollten 1924 vom Band, und wegen seiner grünen Farbe wurde das Modell im Volksmund „Laubfrosch" genannt. Der technikbegeisterte Römer machte sich nach dem Kauf seines „Laubfrosches" sofort daran, ihn zu restaurieren. Auch einer Schulkameradin, die sich einen 400 Mark teuren BMW Dixi,

Hanspeter Römer. Der Älteste der Römer-Brüder war ein begeisterter Bergwanderer. Er kam 1951 bei einem Bergunfall ums Leben. Gemeinsam mit einer Schulkameradin stürzte er an der Benediktenwand ab.

Baujahr 1936, gekauft hatte, half er, den Wagen wieder flott zu machen und ihn technisch aufzurüsten. In diesem Zusammenhang bildete „Jokl" auch sein unternehmerisches Geschick aus. So bot er beispielsweise Nachbarn und Freunden seine Dienstleistung an und reparierte Fahrräder oder Autos. Zudem kam es nicht selten vor, dass er sein eigenes Fahrrad an Mitschüler verlieh und dafür zwischen 30 und 50 Pfennige „Mietgebühr" verlangte. Um sich sein Taschengeld aufzubessern, arbeitete Römer einige Jahre später auch im Straßenbau der heutigen B11 Richtung Wolfratshausen mit. Allerdings musste er schnell feststellen, dass ihm das Betätigen der Rüttelplatte lästig und langweilig wurde, sodass er recht froh war, dass die Maschine häufig kaputt ging. Natürlich reparierte Römer diese selbst und hatte daran wesentlich mehr Freude als am Straßenbau.[34]

Währenddessen spitzte sich die Situation innerhalb der Familie Römer immer weiter zu. Die Arbeit in der Chemischen Fabrik Grünau, die sich für Franz Römer anfänglich als lukratives, erfolgreiches Geschäft darstellte, wurde mit den Jahren zu einer finanziellen Sackgasse. Das Unternehmen, das sich auf den Vertrieb von Baustoffen konzentrierte, begann zunehmend, rote Zahlen zu schreiben, sodass auch Franz Römer in wirtschaftliche Schwierigkeiten geriet und immer mehr Geld verlor. Die beruflichen Probleme hatten auch Auswirkungen auf das Familienleben der Römers. Franz Römer, der ohnehin ein strenger, konservativer Vater war, trat nun immer häufiger exzentrisch und launisch auf, wie sich sein Sohn Christof erinnert. Auch gegenüber seiner Frau Erika verhielt er sich nicht wie ein vorbildlicher, treuer Lebensgefährte. Die Situation geriet immer mehr in eine Krise. Mit dem Tod ihres Sohnes Hanspeter brach die Familie langsam auseinander: Der Vater bekam gesundheitliche Probleme, die Leistungen der Kinder in der Schule wurden immer schlechter und Mutter Erika verzweifelte daran, dass sie ihrem Sohn entgegen dem Willen ihres Mannes jene Bergtour im Herbst 1951 erlaubt hatte. Im September 1955 gipfelten die Schwierigkeiten schließlich in der Scheidung von Franz und Erika Römer, welche besonders für die Kinder ein einschneidendes Erlebnis darstellte. Joachims Noten

Joachim mit seinen Schulfreunden. Durch seine elegante Ausdrucksweise war Joachim Römer vor allem bei seinen weiblichen Klassenkameradinnen beliebt.

wurden im Schuljahr 1955/56 so schlecht, dass ihm die Versetzung in die nächste Klasse – in den Abiturjahrgang – verwehrt wurde. Fast ein wenig trotzig und mit dem festen Vorhaben, allen zu beweisen, dass man auch ohne Abitur Karriere machen könne, entschloss sich Römer 1956, die Schule mit der mittleren Reife abzubrechen.[35]

1960, nachdem Römer die Schule verlassen hatte, wurde das Gymnasium Icking wegen finanzieller Schwierigkeiten verstaatlicht.[36] Durch die Verstaatlichung gewann es nicht nur an Attraktivität, sondern auch seine Ausstattung mit Möbeln, Lehrmitteln und Büchern wurde deutlich verbessert. 1968 hatte sich die Anzahl der Räume von 18 auf 25 erhöht, sodass sich die Situation in den Klassenräumen entspannte. Zu den räumlichen Verbesserungen trat auch die Erweiterung des Bildungsangebotes, was sich beispielsweise 1964/65 durch die Angliederung eines humanistischen und 1974/75 eines mathematisch-naturwissenschaftlichen Zweiges bemerkbar machte.[37]

Joachim, der bei der Trennung seiner Eltern 17 Jahre alt war, durfte selbst entscheiden, ob er bei seiner Mutter oder seinem Vater bleiben wollte, der nach der Trennung erst in die Wolfratshauser Straße und kurz darauf in die Jaiserstraße in Pullach zog. Zunächst wollte Joachim zu seinem Vater kommen. Da die neue Wohnung allerdings viel zu klein war und Joachim sich ohnehin nicht sehr gut mit seinem Vater verstand, blieb er zunächst weiter in der Gistlstraße bei seiner Mutter, wo auch sein Bruder Christof lebte. Erika, die sich nun um beide Söhne allein kümmern musste und bis dahin nicht gearbeitet hatte, geriet zunehmend in finanzielle Nöte. Dadurch, dass sie Franz Römer kurz nach der Hochzeit ihr Haus zur Hälfte überschrieben hatte, war sie gezwungen, ihn nach der Scheidung auszuzahlen. Um sich finanziell wieder erholen zu können, entschloss sie sich, im Juni 1956 ein sogenanntes „Pflegenest" für Säuglinge in ihrem Haus in der Gistlstraße zu eröffnen. Erika, die als gelernte Kindergärtnerin in dieser Tätigkeit aufblühte, nahm zwischen sieben und zehn Babys auf, die daheim nicht willkommen waren oder wegen ihrer unehelichen Geburt verschwie-

Der Kirchplatz in Pullach in den 1960er Jahren. Durch die Nähe zu München entwickelte sich Pullach schnell zu einem attraktiven Wohnort. Heute bietet der Ort zudem für 6.000 Menschen Arbeit.

gen werden mussten. Sie war eine „fleißige, gewissenhafte und kinderliebe" Frau, wie ihr ein Zeugnis des Kreisjugendamts München bescheinigte. Dort heißt es weiter: „Durch ihre mütterliche und warmherzige Art verstand sie es, den Kindern die Eltern zu ersetzen und ihnen das Gefühl der Geborgenheit zu geben."[38]

Franz Römer heiratete im Herbst 1955, kurz nach der Scheidung von Erika, Ursula Jülicher, deren Vater Direktor der Diamalt AG in München war, einem Unternehmen für die Herstellung und den Vertrieb von Backmalzextrakt. Wenige Monate vor der Hochzeit erblickte ihre gemeinsame Tochter Adelheid das Licht der Welt. Nachdem 1957 Wolfgang, 1960 Franz und 1962 Marie geboren wurden, entschloss sich die Familie 1963, in eine größere Wohnung nach Solln umzuziehen. Gezeichnet von dem Verlust seines ältesten Sohnes Hanspeter zog sich Franz Römer jedoch immer mehr zurück und nahm kaum noch am Familienleben teil. Immer seltener unternahm er etwas mit seinen Kindern. Auch der Kontakt zu Joachim und Christof wurde immer spärlicher, was letztlich dazu führte, dass beide Söhne wenig vom neuen Leben des Vaters erfuhren. Hinzu kamen finanzielle Sorgen, die den Alltag erschwerten und die Familie zur Sparsamkeit zwangen. Durch Römers Krankheit, die sich bereits in den frühen 1960er Jahren bemerkbar machte, war es ihm bald nicht mehr möglich, zu arbeiten. Von diesem Zeitpunkt an war es seine Frau Ursula, die sich ganz allein um den Unterhalt ihrer Familie kümmern musste. Zuletzt war Franz Römer für die Chemische Fabrik Grünau tätig, zu der er zurückgekehrt war, um eine Stelle als Vertriebsleiter anzunehmen. Nach seinem Ausscheiden aus dem Arbeitsleben folgten schwere Jahre, die durch Römers Krankheit und Niedergeschlagenheit gekennzeichnet waren. 1971 starb Franz Römer schließlich im Alter von 67 Jahren.[39]

Erika Römer war mit ihrem „Säuglingsnest" sehr erfolgreich und erhielt breite Zustimmung durch die Einwohner Pullachs. Dennoch sah sie sich gezwungen, einen Kredit auf ihr Haus aufzunehmen. Erst 1973 fanden ihre finanziellen Nöte ein Ende, nachdem sich Joachim Römer dazu entschieden hatte, das Haus zu kaufen und seiner Mutter zum Ausgleich eine Wohnung sowie eine lebenslange Rente zu zahlen. Erika Römer entschloss sich, dieses Angebot anzunehmen, sodass sie ihre „Säuglingsnest"-Tätigkeit aufgab und in die Bertelestraße nach München zog. Am 14. Februar 1976 verstarb sie im Alter von 69 Jahren.[40]

[27] Auf dem Gymnasium in Icking von 1948 bis 1956

[2]

Studium und Berufung

Berufliche Anfänge und Studium der Elektrotechnik in München Nach dem Abbruch des Gymnasiums beschloss Joachim Römer, sich seiner eigentlichen Berufung – der Technik – zu widmen. Zunächst begann er im September 1956 als Monteurhelfer bei der Firma Siemens & Halske in München, wo er praktische Erfahrungen auf dem Gebiet der Schwachstromtechnik sammeln konnte. Unter Aufsicht von Spezialmonteuren richtete er Wählanlagen der Deutschen Bundespost ein und verlegte, formte und lötete Systemkabel in verschiedenen Münchner Ämtern. Aufgrund fehlender Aufträge musste Römer nach einem halben Jahr, Ende März 1957, seine Arbeit dort jedoch beenden. Trotzdem sah er seine Tätigkeit als erfolgreich an. Anschließend arbeitete Joachim bei der Bayernwerk AG München, einem Energieversorgungsunternehmen, das 1921 gegründet worden war. Es betrieb u.a. das Walchenseekraftwerk. Dort lernte Römer die Anwendung einer mit Thermo-Widerständen ausgestatteten Messbrücke kennen, die dazu diente, kleinste Wassergeschwindigkeiten zu messen. Ab September 1957 war Römer schließlich aushilfsweise bei Radio-RIM tätig, jenem Radiosender, den er schon als kleiner Junge mit seinem Bruder Christof auf dem Dachboden der Eltern gehört hatte.[1]

Da er kein Abitur hatte, meldete sich Joachim Römer im Sommer 1958 am Oskar-von-Miller-Polytechnikum München an, der heutigen Hochschule für Angewandte Wissenschaften, für die Abteilung Wirtschafts- und Betriebstechnik. Das Besondere an seiner Anmeldung war, dass er sich als Joachim Römer für Elektrotechnik einschrieb und als Christian Römer für Betriebswirtschaft. Bei der Wahl seiner Bildungseinrichtung war sich Römer durchaus bewusst, dass ein Studium am Polytechnikum nicht als so prestigeträchtig und hochwertig galt wie das an einer Technischen Universität, an der man ein Diplom erwerben konnte. Allerdings kam ihm das gerade recht, da er universitäre Denkweisen und Strukturen ohnehin nicht besonders schätzte. Joachim Römer zog in seinem Leben Menschen vor, die praxisnah denken und arbeiten konnten, was er Akademikern von vornherein nicht zutraute.[2]

SIEMENS

ZEUGNIS

Herr Joachim R ö m e r , geboren am 6. Februar 1938 in Pullach bei München, wohnhaft Pullach bei München, Gistlstraße 45, war in der Zeit vom 10. September 1956 bis 21. März 1957 in unserer Zweigniederlassung München als Monteurhelfer tätig.
Herr Römer wurde bei uns mit praktischen Arbeiten bei der Einrichtung von Wählanlagen der Deutschen Bundespost vertraut gemacht. Unter Anleitung von Spezialmonteuren hat er in verschiedenen Ämtern in München Systemkabel verlegt, ausgeformt und gelötet.
Herr Römer hat die ihm übertragenen Arbeiten stets zu unserer Zufriedenheit ausgeführt. Seine Führung und seine Haltung waren einwandfrei.
Herr Römer scheidet wegen Mangel an geeigneter Arbeit aus unseren Diensten. Wir wünschen ihm für seine Zukunft alles Gute.

München
16.9.1957

SIEMENS & HALSKE
Aktiengesellschaft

i.V.

Arbeitszeugnis der Firma Siemens & Halske in München. Bei Siemens & Halske sammelte Joachim Römer 1956 seine ersten beruflichen Erfahrungen und lernte den Bereich der Schwachstromtechnik kennen.

OSKAR-VON-MILLER-POLYTECHNIKUM
AKADEMIE FÜR ANGEWANDTE TECHNIK
INGENIEURSCHULE DER LANDESHAUPTSTADT MÜNCHEN

INGENIEUR-ZEUGNIS

Herr Römer Joachim

geboren am 6.2.1938 in Pullach

hat im Jahre 1961 die Ingenieurprüfung in der Abteilung WIRTSCHAFTS- UND BETRIEBS-TECHNIK mit der Gesamtnote 2,50 gut abgelegt.

Er ist damit berechtigt, die Berufsbezeichnung

INGENIEUR FÜR WIRTSCHAFTS- UND BETRIEBSTECHNIK

zu führen. Die Vorprüfung wurde im Jahre 1960 mit der Gesamtnote 3,53 abgelegt.

München, den 20. Juli 1961

Für den staatlichen Prüfungsausschuß:

Der Vorsitzende

I.V. Dr.K.Hammer

Der Direktor

Dr.K.Hammer

Vermerk: Die Prüfung ist nach der Prüfungsordnung vom 26. 9. 1957 abgehalten worden.

Notenstufen für die Gesamtnote:

mit Auszeichnung bestanden	= 1,00 – 1,50
gut bestanden	= 1,51 – 2,50
befriedigend bestanden	= 2,51 – 3,50
bestanden	= 3,51 – 4,00
nicht bestanden	= 4,01 – 6,00

Joachim Römers Abschlusszeugnis. Während seiner Studienzeit lernte Römer immer nur soviel, dass es gerade für die Note 2 ausreichte. Seine Ingenieursprüfung legte er mit der Gesamtnote 2,5 ab.

Joachim Römer als junger Erwachsener. 1958 begann er sein Studium am Oskar-von-Miller-Polytechnikum in München, wo er Elektrotechnik belegte. In dieser Zeit lernte er seine spätere Frau Christl Huber kennen.

Die sechs Semester, die das Studium in Anspruch nahm, gliederten sich in je drei Semester Elektrotechnik und Wirtschafts- und Betriebstechnik. Dazu gehörten unter anderem die Fächer Maschinenbaugrundlagen, Elektrowirtschaft, Rechnungswesen, Englische Handelskorrespondenz oder Steuergrundlagen. Römer bestritt seine Studienzeit als durchschnittlicher Student. Auch wenn ihm die meisten Fächer keine Probleme bereiteten, lernte er doch immer nur soviel, dass es gerade für die Note 2 ausreichte. Besonders gute Leistungen erhielt er in den Fächern Statistik, Fertigungs- und Verfahrenstechnik, Betriebswirtschafts- und Volkswirtschaftslehre. Im Juli 1961 schloss er sein Studium mit der Note 2,5 und der Berufsbezeichnung „Ingenieur für Wirtschafts- und Betriebstechnik“ ab.

Noch während seiner Studienzeit, Ende der 1950er Jahre, lernte Joachim Römer in München Christl Huber kennen. Zu der Zeit war sie noch mit einem gemeinsamen Freund liiert, doch mit seinem Charme gelang es Joachim Römer, Christl für sich zu gewinnen. Christl Huber wurde am 19. Oktober 1941 als einziges Kind der Familie Huber geboren. Ihr Vater leitete die US-amerikanische Filmgesellschaft United Artists, die heute als Tochterunternehmen von Metro-Goldwyn-Mayer agiert und zu Sony Pictures Entertainment gehört.[3] Bevor sie 1961 mit Joachim Römer in die Münchner Ackermannstraße zog, lebte Christl gemeinsam mit ihren Eltern in der oberbayerischen Gemeinde Grünwald bei München. Kurz nachdem sie sich kennengelernt hatten, gaben sich Joachim und Christl am 8. Februar 1961 in der Sankt Ursula-Kirche zu München das Jawort. Nur wenige Monate später, am 6. Juni 1961, erblickte Tochter Anina das Licht der Welt. Christl Römer, die, als sie schwanger wurde, noch Schülerin war, musste die Schule zunächst abbrechen. Allerdings holte sie ihr Abitur nach Aninas Geburt auf der Angerkloster-Schule München nach und bestand alle Prüfungen mit Bravour. Christl Römer war eine intelligente, sehr hübsche Frau, die Freundlichkeit und Optimismus ausstrahlte. Sie genoss es, in der Sonne zu liegen oder gemütlich durch die Münchner Innenstadt zu bummeln und einkaufen zu gehen. Christl achtete sehr auf ihr Äußeres und legte großen

Das Brautpaar Joachim und Christl Römer. Schon kurz nachdem sich beide kennengelernt hatten, gaben sie sich im Februar 1961 in München das Jawort.

Wert auf elegante, moderne Kleidung. Genau wie Joachim Römer interessierte sie sich für Politik. Da sie liberale Ansichten vertrat, stand sie der FDP nahe. Nach Aninas Geburt kümmerte sich Christl liebevoll um ihre Tochter und bemühte sich gleichzeitig, ihren Mann Joachim zu unterstützen, wo es ihr möglich war.[4]

Berufseinstieg bei der Firma Bürkert Im Monat seines Studienabschlusses bewarb sich Joachim Römer als technisch-kaufmännischer Mitarbeiter für den Außendienst bei der Firma Bürkert im württembergischen Ingelfingen. Das Unternehmen wurde 1946 von Christian Bürkert als Handwerksbetrieb gegründet und war auf Steuer- und Regeltechnik spezialisiert. Zu Bürkerts ersten Entwicklungen zählten Temperaturregler, die für Brutapparate in der Landwirtschaft eingesetzt wurden. Bürkert hatte dabei die Zeichen der Zeit erkannt und reagierte auf den in der amerikanischen Besatzungszone stetig wachsenden Bedarf an Hühnerfleisch. Die Herausforderung des Reglers lag darin, dass die Temperatur für den Hühnerei-Embryo konstant gehalten werden musste. Christian Bürkert besorgte sich aus einem abgestürzten Flugzeug mehrere Aluminiumstreifen und nietete sie mit derselben Menge an Eisen, das er aus einer Kunstdüngertrommel entnommen hatte, zusammen. Die Improvisation nutzte den Effekt eines Bimetalls, das sich bei Temperaturveränderungen verbiegt. Einige Zeit später erweiterte Bürkert seine Produktion um industrielle Anwendungen, wie Regelungsarmaturen für Küchenherde, Fußwärmeplatten und Zubehör für verschiedenste Haushaltsgeräte.[5]

Christian Bürkert, der Ende der 1940er Jahre bereits 150 Mitarbeiter beschäftigte, fokussierte seinen Blick ab 1954 auf die Fertigung von Magnetventilen. Mit der Herstellung von Magnetventilen für Waschmaschinen gelang ihm der endgültige Durchbruch zur Massenproduktion. Im Laufe der folgenden Jahre entwickelte Bürkert zahlreiche Komponenten und Vorrichtungen, die er sich patentieren ließ. Unter den angemeldeten Patenten waren beispielsweise eine elektrische Kochplatte[6], der oben erwähnte Tem-

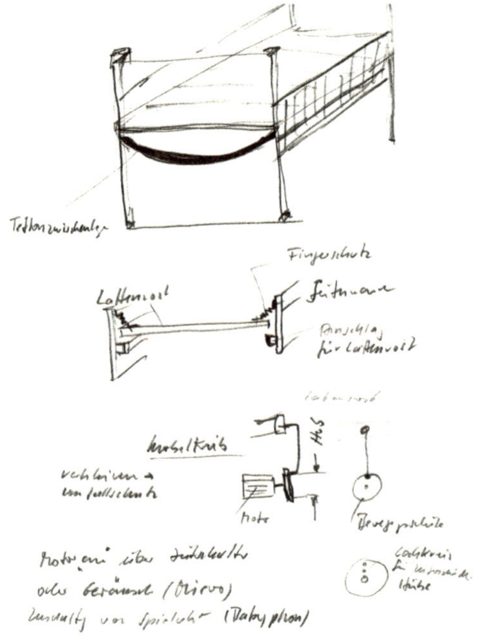

Eine Skizze zum Bau einer mechanischen Wiege. In Erwartung seiner Tochter Anina entwarf Joachim Römer eine Wiege, die durch einen mechanischen Antrieb selbst schaukelte.

peraturregler[7], eine temperaturabhängige Schalteinrichtung[8] sowie eine elektrische Regeleinrichtung[9]. Zudem entwickelte er ein „epoxydharzumpresstes Magnetsystem" sowie eine abnehmbare elektrische Gerätesteckdose, die später zur DIN-Norm bestimmt wurde und maßgeblich zu Bürkerts Erfolg beigetragen hat.

Bürkert errichtete in der gesamten Bundesrepublik eine eigene Vertriebsorganisation, die von ausgebildeten Ingenieuren, wie zum Beispiel Joachim Römer, betreut wurde. Das Unternehmen war aber auch über die Grenzen Deutschlands hinaus aktiv. Mitte der 1960er Jahre war klar, dass sich der deutsche Markt noch mehr öffnen würde und die Produktnormen nicht nur national, sondern auch international ausgerichtet werden müssten. Aus diesem Grund schuf er schon früh Auslandsgesellschaften in Schweden, Großbritannien und Dänemark, wodurch sich der Exportanteil auf 80 Prozent erhöhte.[10] Insgesamt bot das Ingelfinger Unternehmen rund 100 Grundtypen von Ventilen an, deren Abnehmer vor allem aus den Branchen des Maschinen- und Apparatebaus, der Automation, Wasser- und Abwassertechnik, chemischen Industrie, Energieerzeugung sowie der Verfahrenstechnik kamen.[11] Christian Bürkert selbst erlebte nur zwei Jahrzehnte des Aufstiegs seiner Firma, denn er kam im Oktober 1971 bei einem Flugzeugabsturz über dem Atlantik ums Leben. Nach seinem tragischen Tod übernahm Bürkerts Frau Dorothee die Geschäftsleitung und führte das Unternehmen im Sinne ihres Mannes weiter.[12]

1961 zog Joachim Römer gemeinsam mit seiner Frau Christl und Tochter Anina nach Ingelfingen und nahm seine Tätigkeit als kaufmännischer Mitarbeiter bei Bürkert auf. Trotz der Ersparnisse brach mit dem Start ins Berufsleben zunächst eine schwierige Zeit für die Römers an, da Joachim noch nicht viel Geld verdiente und Christl nicht arbeiten konnte, da sie sich um das gemeinsame Kind kümmern musste. Römer war anfangs als Gehilfe im Konstruktionsbüro der Firma Bürkert beschäftigt und durchlief im Laufe der Zeit sämtliche Bereiche des Unternehmens, darunter auch den Vertrieb – Römers Steckenpferd. Schon innerhalb kürzester Zeit etablierte sich

Joachim und Christl Römer. Schon in jungen Jahren verbrachte Joachim jede freie Minute damit, an Autos zu schrauben und sie wieder zum Laufen zu bringen. Hier hat er wohl eine Reifenpanne.

Joachim Römer im Unternehmen und glänzte mit seiner außergewöhnlichen Technikbegabung. Vor allem als Kundenberater leistete er hervorragende Arbeit, sodass es nicht lange dauerte, bis Christian Bürkert Römers technisches Talent erkannte und ihm im Herbst 1962 die Leitung seines Verkaufsbüros in Frankfurt anbot. Der ehrgeizige Römer nahm dieses Angebot an und bezog mit seiner Familie am 15. Oktober 1962 die neue Wohnung in der Mainzer Landstraße in Frankfurt. Christian Bürkert schätzte Joachim Römer sehr und band ihn immer mehr in seine geschäftlichen Tätigkeiten ein. Als seinen Assistenten nahm er Joachim Römer häufig in seinem Flugzeug auf Geschäftsreisen mit, die ihn unter anderem in die USA führten. Die Firma Bürkert vertrieb zahlreiche Produkte, die erklärungsbedürftig waren und den Kunden nähergebracht werden mussten. Dafür benötigte man einen guten Verkäufer, der gleichzeitig ein gutes Technikverständnis besaß und sich für komplexe Zusammenhänge begeistern konnte. In Joachim Römer hatte Bürkert einen Mitarbeiter gefunden, der genau diese Voraussetzungen mitbrachte. Auf der anderen Seite stellte Christian Bürkert für Römer ein großes Vorbild dar, da er es geschafft hatte, seine eigene Firma aufzubauen und sie nachhaltig zu führen. In Bürkert sah Römer seinen Lehrmeister, und die Erfahrungen, die er in seinem Unternehmen sammelte, brachten ihn später zu seinen eigenen Ideen. Häufig saß er dann stundenlang in seinem Wohnzimmer und skizzierte seine Ideen nach ausgiebigen Berechnungen auf Papier. Auch wenn er es nie zugegeben hätte, so wies Römers Handeln doch stark darauf hin, dass seine spätere Firma einmal genauso werden sollte wie die von Christian Bürkert.[13]

Im Januar 1966 übernahm Joachim schließlich die Verkaufsleitung des Münchner Büros und trug damit die Verantwortung für den gesamten süddeutschen Raum. Zuvor war er mit Christl und Anina nach Neuried, ganz in der Nähe der bayerischen Hauptstadt, gezogen.

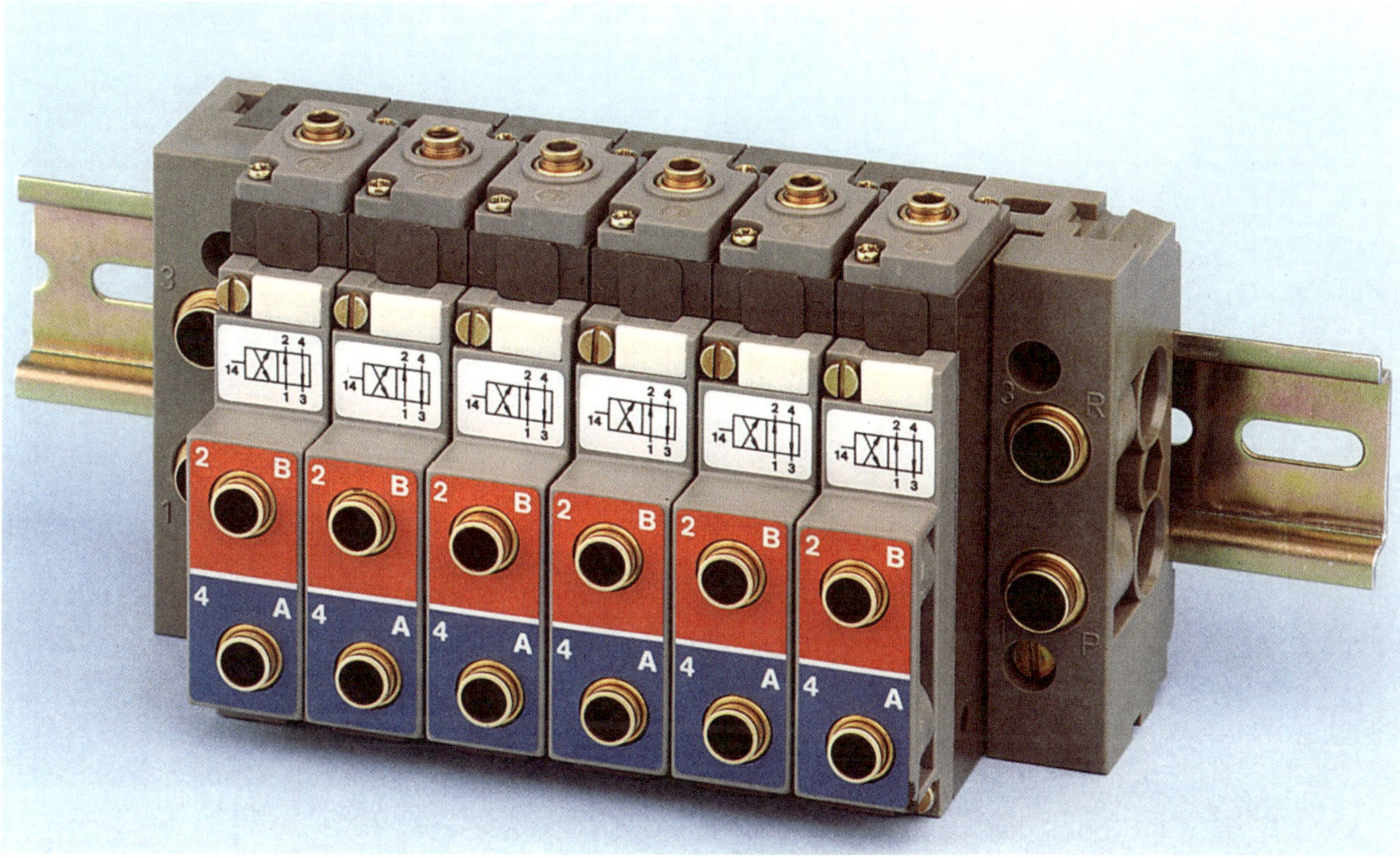

Ein Modulsystem Typ 470 der Firma Christian Bürkert. In dem Ingelfinger Unternehmen begann Joachim Römer 1961 seine berufliche Karriere als technisch-kaufmännischer Mitarbeiter und wurde schon bald zu Christian Bürkerts Assistenten.

[3]

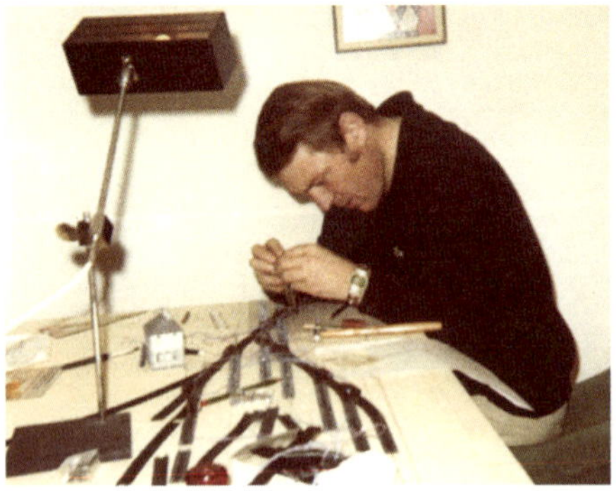

Eigenes Unternehmen

Die Gründung eines Ingenieurbüros Joachim C. Römer gründete im Jahre 1970 in der Gistlstraße 45 in Pullach ein Ingenieurbüro für die Konstruktion und den Vertrieb von Pneumatikkomponenten. Bei der Gründung seines Ingenieurbüros wurde Joachim Römer vor allem von zwei Gedanken geleitet. Zum einen wollte er nie so sein wie sein Vater, der wirtschaftlich nach langjährigen Erfolgen doch Schiffbruch erlitten hatte. Römer entwickelte aus der Angst zu scheitern, einen unglaublichen Ehrgeiz, wie man ihn auch bei Leistungssportlern finden kann. Römer hatte aber zum anderen auch ein positives Vorbild: die Erfolgsgeschichte des deutschen Radiohändlers Max Grundig. Grundig hatte nach 1945 den Zukunftsmarkt für Radios entdeckt und eröffnete 1947 sein eigenes Fabrik- und Verwaltungsgebäude im bayerischen Fürth. Im Laufe der Jahre entwickelte sich das Unternehmen zum Symbol des deutschen Wirtschaftswunders.[1] Max Grundig imponierte Joachim Römer sehr, da er es geschafft hatte, aus einer kleinen Idee, die in einem barackenähnlichen Geschäft ihren Anfang nahm, einen riesigen Konzern aufzubauen.

Joachim Römer begann also mit der Konstruktion und dem Vertrieb von Pneumatikkomponenten. Der Begriff Pneumatik leitet sich von dem griechischen Wort „pneuma“ ab und bedeutet „Luft“, „Atem“ oder „Wind“.[2] Als Teilgebiet der Mechanik beschäftigt sich die Pneumatik mit dem Verhalten von Luft bzw. Gasen unter Druck. Im technischen Sinn bezeichnet sie „alle energie- und informationsverarbeitenden Systeme, deren Kräfte und Bewegungen mit Hilfe von Druckluft erzeugt werden“. Die pneumatische Energie wird überwiegend dazu benutzt, Maschinen anzutreiben, zu spannen, zu bremsen oder zu stellen. Zum Beispiel werden Werkzeug-, Holzbearbeitungs- und Verpackungsmaschinen mithilfe von Druckluft gesteuert.[3]

In pneumatischen Anlagen spielen Ventile, vor allem Wege-, Funktions- und Magnetventile, eine besonders große Rolle. Magnetventile werden durch einen elektrischen Magneten geschaltet und kommen für die Steuerung der Luft bzw. Gase zur Anwendung.[4]

Schon die Griechen der Antike wussten, dass man Luft als unterstützende Komponente in verschiedensten Vorrichtungen und Apparaten verwenden kann. So bauten sie beispielsweise Geschützvorrichtungen, die mit Druckluft gesteuert wurden. Auch die Geschichte des Ventils reicht bis in die Antike zurück. Wasserläufe bzw. Flüsse wurden seit Beginn der Menschheit für Bewässerungszwecke und als Transportwege benutzt. Von Anfang an versuchten die Menschen, das Wasser zu kontrollieren bzw. es zu regulieren. Sie strebten danach, zu bestimmen, wann Wasser fließen soll und wann nicht (Absperrfunktion), wieviel (Mengen-/Drosselfunktion) und wohin (Richtungs-/Wegefunktion).[5] Joachim Römer war sich der antiken Tradition der Pneumatik und Ventiltechnik sehr bewusst. Er verfügte über ein umfangreiches Wissen zu Aquädukten, Wasserleitungen und Thermen der Römer. Seine Bibliothek enthielt viel Literatur zu diesem Thema.

Um Wasser zu regulieren, lag es nahe, Objekte aus der Natur wie Steine oder Hölzer zu verwenden. Das erste „Ventil" könnte somit „ein Steinverschluss in einem Wasserlauf" gewesen sein. Im 15. Jahrhundert beschäftigten sich Größen wie Leonardo da Vinci, Georg Agricola oder Heinrich Zeising mit der Ventiltechnik und leisteten bedeutende Beiträge zu ihrer Entwicklung. Auch der Mathematiker und Jurist Otto von Guericke trug bedeutend zur Entwicklung des Ventils bei. 1650 konstruierte er seine erste Luftpumpe, in die er ein sogenanntes Drehschieber-Ventil (Hahn) sowie ein Pendelklappen-Ventil einbaute. Der französische Physiker Denis Papin entwickelte 1679 einen Dampftopf, der mit einem Sicherheitsventil ausgestattet war. Der durch den Dampf entstehende Druck bewirkte, dass die Siedetemperatur des Wassers stieg und Speisen innerhalb kürzester Zeit gar wurden. 1813 ging der deutsche Instrumentenbauer und Hornist Friedrich Blühmel als Erfinder der Ventiltechnik für Blechblasinstrumente in die Geschichte ein. Er baute zwei Ventile in ein gängiges Naturhorn ein und wandelte es so zum „chromatischen Horn". Dadurch erhielt das Instrument einen größeren Tonumfang und konnte als Orchesterinstrument verwendet werden. 1818 ließ Blühmel sein Instrumentenventil patentieren.[6]

Das Wohn- und Elternhaus von Joachim Römer in der Pullacher Gistlstraße. Hier gründete er 1970 ein Ingenieurbüro für die Konstruktion und für den Vertrieb von Pneumatikkomponenten.

Allgemein handelt es sich bei einem Ventil um eine „Vorrichtung, mit der das Ein-, Aus- und Durchlassen von Flüssigkeiten oder Gasen gesteuert wird". Ventile werden auch als „Einrichtung oder Gerät zur Überführung eines Strömungszustandes in einen anderen durch Veränderung eines oder mehrerer Strömungsquerschnitte" bezeichnet.[7] Ventile verwendet man überwiegend dazu, Strömungen zu unterbrechen bzw. den Durchfluss zu verändern oder die Strömungsrichtung zu beeinflussen. Dabei gibt es zahlreiche Klassifikationsmerkmale. Beispielsweise unterscheidet man bei der Funktionsweise von Ventilen nach fluidischen, elektrischen, optischen und magnetischen Grundprinzipien. Im Hinblick auf die Art des Antriebs differenziert man u.a. zwischen mechanischen, elektrischen, elektromechanischen oder fluidischen Formen. Eine andere Unterscheidung gliedert Ventile in Makro- und Mikroventile. Technische Ventile besitzen in der Regel drei Hauptaufgaben: Stromregelung, Druckregelung und Aufgaben in der Fluidik. Sie finden ihre Anwendung allgemein in den Bereichen der Steuerungs- und Regelungstechnik sowie in der Automatisierungstechnik. Da diese Gebiete allerdings ziemlich vielgestaltig sind, gibt es heute kaum eine Branche, die ohne Ventile auskommt.[8]

Als sich Joachim Römer 1970 mit der Gründung des Ingenieurbüros selbstständig machte, ging es ihm nicht in erster Linie um den finanziellen Gewinn, sondern vielmehr um einen erarbeiteten Erfolg. Er hatte sich fest vorgenommen, etwas Eigenes aufzubauen, etwas, auf das er und seine Familie stolz sein konnten. Der Zeitpunkt der Gründung schien günstig, schließlich befand sich die Automatisierung in einer Zeit der Blüte.

Die Anfänge der Automatisierung gehen bis ins späte 19. Jahrhundert zurück. 1873 konstruierte der amerikanische Wissenschaftler Christopher M. Spencer den ersten Drehautomaten, der zur Herstellung von Schrauben diente. Sicher war es kein Zufall, dass die Produktion von Schrauben als erstes automatisiert wurde, brauchte man doch in allen Industriebereichen eine große Anzahl jener Werkstücke.[9] Die auf einer mechanischen Grundlage basierende Automatisierung setzte mit der Mechanisierung von Steue-

Auszug aus dem Produktions- und Lieferprogramm der AVS Römer. Neben eigenen Produkten vertrieb Joachim Römer anfangs auch Verschraubungen, die er von seinen Geschäftspartnern aus Italien erhielt.

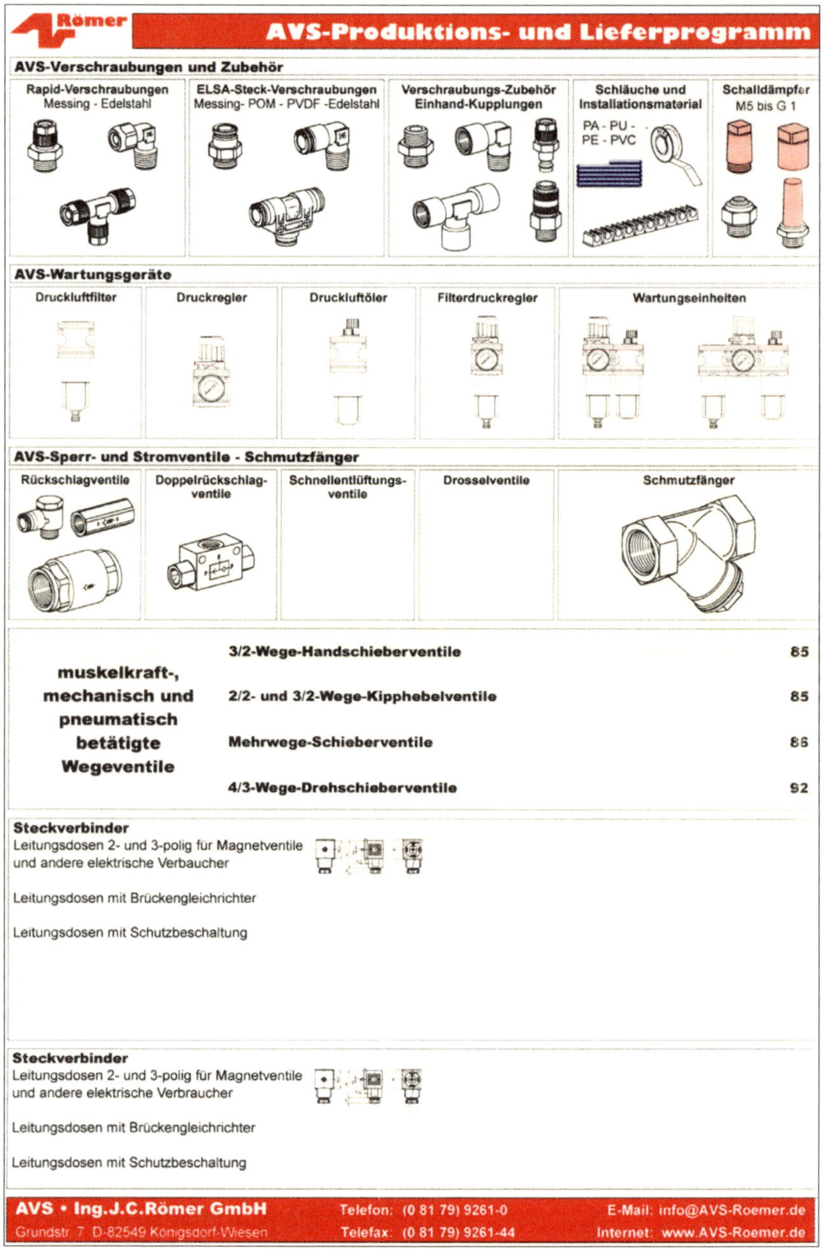

Rapid-Verschraubungen der Firma AVS Römer. Diese Verschraubung ist mit einem Führungskonus versehen und ermöglicht eine preiswerte, zeitsparende Montage von Kunststoffrohren bzw. -schläuchen.

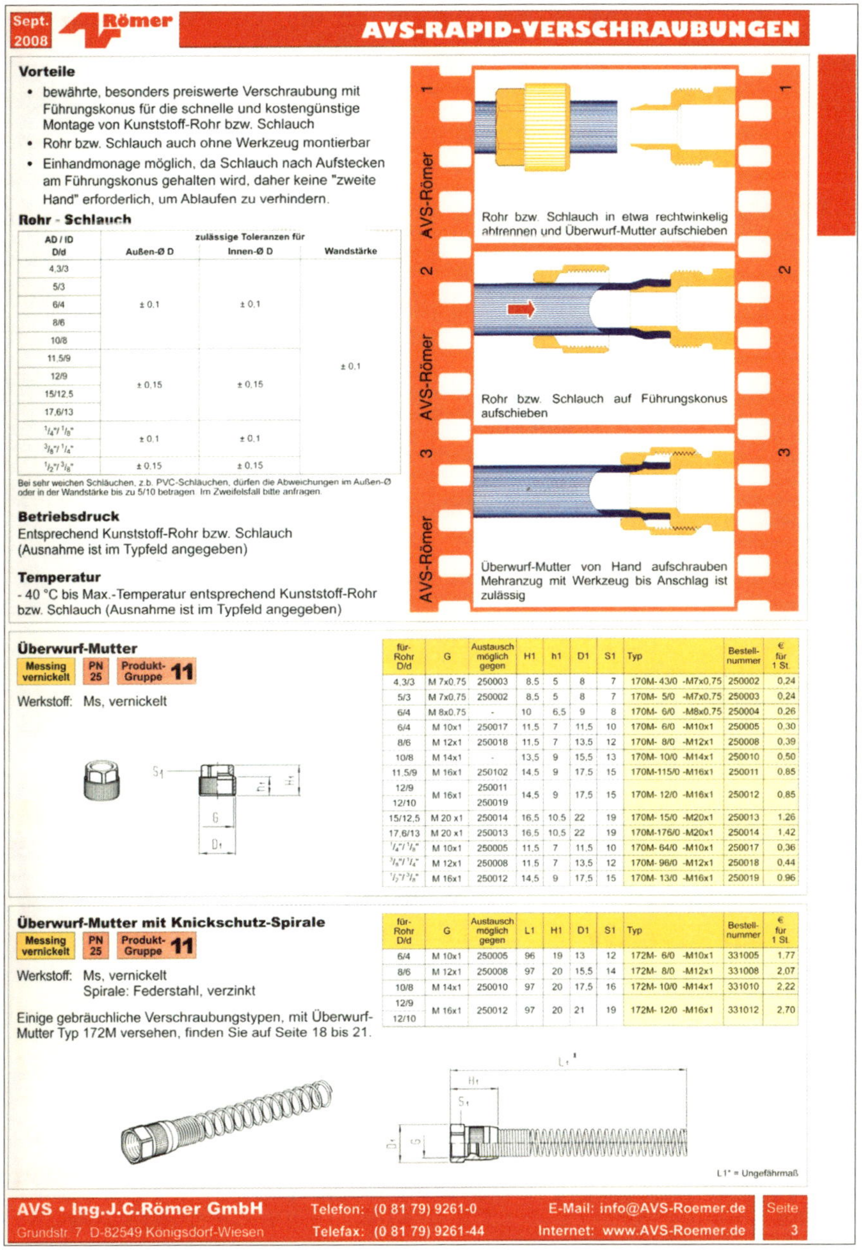

Sept. 2008 Römer

AVS-RAPID-VERSCHRAUBUNGEN

Vorteile

- bewährte, besonders preiswerte Verschraubung mit Führungskonus für die schnelle und kostengünstige Montage von Kunststoff-Rohr bzw. Schlauch
- Rohr bzw. Schlauch auch ohne Werkzeug montierbar
- Einhandmonage möglich, da Schlauch nach Aufstecken am Führungskonus gehalten wird, daher keine "zweite Hand" erforderlich, um Ablaufen zu verhindern.

Rohr - Schlauch

AD / ID D/d	zulässige Toleranzen für Außen-Ø D	Innen-Ø D	Wandstärke
4,3/3	± 0.1	± 0.1	± 0.1
5/3			
6/4			
8/6			
10/8			
11,5/9	± 0,15	± 0,15	
12/9			
15/12,5			
17,6/13			
1/4"/1/8"	± 0.1	± 0.1	
3/8"/1/4"			
1/2"/3/8"	± 0.15	± 0.15	

Bei sehr weichen Schläuchen, z.b. PVC-Schläuchen, dürfen die Abweichungen im Außen-Ø oder in der Wandstärke bis zu 5/10 betragen. Im Zweifelsfall bitte anfragen.

Betriebsdruck

Entsprechend Kunststoff-Rohr bzw. Schlauch (Ausnahme ist im Typfeld angegeben)

Temperatur

- 40 °C bis Max.-Temperatur entsprechend Kunststoff-Rohr bzw. Schlauch (Ausnahme ist im Typfeld angegeben)

1 AVS-Römer

Rohr bzw. Schlauch in etwa rechtwinkelig abtrennen und Überwurf-Mutter aufschieben

2 AVS-Römer

Rohr bzw. Schlauch auf Führungskonus aufschieben

3 AVS-Römer

Überwurf-Mutter von Hand aufschrauben Mehranzug mit Werkzeug bis Anschlag ist zulässig

Überwurf-Mutter

Messing vernickelt | PN 25 | Produkt-Gruppe 11

Werkstoff: Ms, vernickelt

für-Rohr D/d	G	Austausch möglich gegen	H1	h1	D1	S1	Typ	Bestell-nummer	€ für 1 St.
4,3/3	M 7x0,75	250003	8.5	5	8	7	170M- 43/0 -M7x0,75	250002	0,24
5/3	M 7x0,75	250002	8,5	5	8	7	170M- 5/0 -M7x0,75	250003	0,24
6/4	M 8x0,75	-	10	6,5	9	8	170M- 6/0 -M8x0.75	250004	0.26
6/4	M 10x1	250017	11,5	7	11,5	10	170M- 6/0 -M10x1	250005	0,30
8/6	M 12x1	250018	11,5	7	13,5	12	170M- 8/0 -M12x1	250008	0,39
10/8	M 14x1	-	13,5	9	15,5	13	170M- 10/0 -M14x1	250010	0,50
11,5/9	M 16x1	250102	14,5	9	17,5	15	170M-115/0 -M16x1	250011	0,85
12/9 12/10	M 16x1	250011 250019	14,5	9	17,5	15	170M- 12/0 -M16x1	250012	0,85
15/12,5	M 20 x1	250014	16,5	10,5	22	19	170M- 15/0 -M20x1	250013	1,26
17,6/13	M 20 x1	250013	16,5	10,5	22	19	170M-176/0 -M20x1	250014	1,42
1/4"/1/8"	M 10x1	250005	11,5	7	11,5	10	170M- 64/0 -M10x1	250017	0,36
3/8"/1/4"	M 12x1	250008	11,5	7	13,5	12	170M- 96/0 -M12x1	250018	0,44
1/2"/3/8"	M 16x1	250012	14,5	9	17,5	15	170M- 13/0 -M16x1	250019	0.96

Überwurf-Mutter mit Knickschutz-Spirale

Messing vernickelt | PN 25 | Produkt-Gruppe 11

Werkstoff: Ms, vernickelt
Spirale: Federstahl, verzinkt

Einige gebräuchliche Verschraubungstypen, mit Überwurf-Mutter Typ 172M versehen, finden Sie auf Seite 18 bis 21.

für-Rohr D/d	G	Austausch möglich gegen	L1	H1	D1	S1	Typ	Bestell-nummer	€ für 1 St.
6/4	M 10x1	250005	96	19	13	12	172M- 6/0 -M10x1	331005	1,77
8/6	M 12x1	250008	97	20	15,5	14	172M- 8/0 -M12x1	331008	2,07
10/8	M 14x1	250010	97	20	17,5	16	172M- 10/0 -M14x1	331010	2,22
12/9 12/10	M 16x1	250012	97	20	21	19	172M- 12/0 -M16x1	331012	2,70

L1* = Ungefährmaß

AVS • Ing.J.C.Römer GmbH
Grundstr. 7 D-82549 Königsdorf-Wiesen
Telefon: (0 81 79) 9261-0
Telefax: (0 81 79) 9261-44
E-Mail: info@AVS-Roemer.de
Internet: www.AVS-Roemer.de
Seite 3

rungen ein und entwickelte sich seitdem kontinuierlich fort.[10] Einfache, durch den Menschen ausgeführte Tätigkeiten wurden durch pneumatische oder elektrische Einrichtungen ersetzt, wofür Steuerungssysteme benötigt wurden. Für diese Steuerungssysteme waren wiederum Ventile notwendig.

Zu Beginn der 1970er Jahre boomte in Deutschland der Maschinenbau, der immer mehr mit automatisierten Systemen arbeitete. Um Nebenkosten zu sparen und schneller produzieren zu können, stiegen immer mehr Unternehmen auf automatisierte Vorgänge um, sodass der Prozess der Automatisierung rasch an Geschwindigkeit zunahm. Die technischen Möglichkeiten in der Automatisierung wurden immer breiter und forderten von den Zulieferbranchen entsprechende Komponenten und Systeme. Ölhydraulische und pneumatische Anlagen bzw. Geräte, die als Steuerungs- und Antriebselemente dienten, wurden immer mehr nachgefragt. Damit erfuhr auch die Ventilbranche einen enormen Auftrieb und die Zahl der Firmenneugründungen innerhalb der Pneumatikindustrie stieg rapide an. Motiviert von diesem Aufwärtstrend investierte die Branche sowohl in Personal als auch in technische Entwicklungen. Und obwohl beide Gebiete zu der Zeit bereits einen hohen Entwicklungsstand aufwiesen, war dieser noch nicht abgeschlossen und bot, zum Beispiel im Hinblick auf neue Einsatzgebiete oder der Einhaltung des Umweltschutzes, zahlreiche Ansätze zum weiteren Fortschritt.[11]

Verglichen mit 1961 verzeichnete die Branche bis 1975 eine Umsatzsteigerung von 480 Prozent. Die Ventilbranche erwirtschaftete 1974, bei einem Gesamtumsatz des Maschinenbaus von 81.884 Mio. DM, einen Produktionswert von 545 Mio. DM.[12] Vor allem der Maschinenbau zählte zu einem der größten Abnehmer der Pneumatik und Ölhydraulik, dicht gefolgt vom Fahrzeugbau für Schienen, Straßen und Wasser.[13]

Zu einem der ersten Kunden von Römer gehörte die Firma Messerschmitt, die sich zu der Zeit auf die Herstellung von Autowaschanlagen konzentriert hatte. Für die Herstellung von Autowaschanlagen benötigte man eine sogenannte pneumatische Seitenbürstensteuerung, die Joachim

Joachim Römer in seiner Freizeit. Römer nutzte jede freie Minute, um sich seinem größten Hobby – der Technik – zu widmen. Oft verbrachte er Stunden damit, Dinge zu reparieren oder neue technische Ideen zu verfolgen.

Römer für Messerschmitt entwickelte. Auch der Waschmaschinenhersteller Böhler & Weber, „Böwe", zählte zu den Kunden Römers.

Während er für diese Kunden reine Entwicklungsarbeit leistete, galt es anfangs auch und vor allem, den Vertrieb für Komponenten aufzubauen. Sowohl für seine selbst entwickelten Steuerungssysteme als auch für den Handel mit Komponenten suchte Römer einen Hersteller und Zulieferer. Die Komponenten, die er vertreiben wollte und die er für seine Entwicklungen benötigte, waren in Deutschland nicht erhältlich. Auch ein Unternehmen, das sie herstellen konnte, fand er in Deutschland nicht.

Römer wurde aber in Italien fündig. Mit den Camozzi-Brüdern aus Lumezzane, Provinz Brescia, die zu jener Zeit eine einfache Dreherei führten, fand er die richtigen Partner für seine Unternehmensgründung. Nach ersten Gesprächen und der Feststellung, dass man sich sympathisch war, gründeten Attilio, Luigi und Geromino Camozzi mit Joachim Römer das Unternehmen AVS Produzione, aus dem später die sogenannte Camozzi Group entstand. Ganz nach Römers Vorstellungen stellte die AVS Produzione jene Verschraubungen her, die Römer zum Teil selbst entwickelte und dann in Deutschland vertrieb.[14]

Die AVS Ingenieur J. C. Römer GmbH Am 17. Dezember 1975 gründete Joachim Römer mit seiner Frau Christl die AVS Ingenieur J. C. Römer GmbH mit Sitz in der Gistlstraße 45 in Pullach. Die Abkürzung AVS steht bis heute für „Automatik, Ventile, Systeme". Gegenstand des Unternehmens bildete der „Vertrieb von automatischen Ventilen und ähnlichen Gegenständen".[15] Joachim, der 70.000 DM Startkapital einbrachte, übernahm die Position des ersten Geschäftsführers. Christl investierte 30.000 DM und wurde zweite Geschäftsführerin.

Beide ergänzten sich hervorragend: Schon als Römer 1970 sein Ingenieurbüro gegründet hatte und sein Unternehmen noch in den Kinderschuhen steckte, beteiligte Christl sich an allen Arbeiten und übernahm die Warenbestellung, den Jahresabschluss, den Vertrieb sowie den Kundenkontakt.

Christl und Joachim sprachen fließend Italienisch, was für die Geschäftsbeziehungen nach Italien von größtem Vorteil war. In finanziellen Angelegenheiten reagierte Christl Römer immer sehr bedacht und sparsam. Wenn Joachim Römer an die Anschaffung einer neuen Maschine dachte, kommentierte Christl das häufig mit dem Satz „Will der Bub wieder ein neues Spielzeug?" und riet ihrem Ehemann, doch lieber zu sparen und mit dem Kauf zu warten. Engagiert kümmerte sie sich um die kaufmännischen Angelegenheiten und war bei den Mitarbeitern, Geschäftspartnern und Kunden sehr geschätzt. Bis zu ihrem Tod 1997 stellte sie einen festen Bestandteil des Unternehmens dar. Ohne ihre Hilfe hätte es Joachim Römer sicher nicht geschafft, seine Firma so schnell aufzubauen und zum Erfolg zu führen.

Wie Römer selbst war auch Christl eine sehr ehrgeizige Frau, die anderen gern beweisen wollte, dass man im Leben viel erreichen konnte. Das verdeutlicht eine Anekdote aus den frühen Unternehmerjahren der Römers. Joachim und Christl war es relativ schnell gelungen, ihre kleine Firma am Markt zu positionieren und gute Umsätze zu verbuchen. Dennoch hatte zu der Zeit keiner der beiden wirklich daran geglaubt, dass es innerhalb so kurzer Zeit möglich sein würde, viel Geld zu verdienen. Nachdem die Römers die erste Million auf ihrem Konto hatten, nutzten sie die Gelegenheit für ein ganz besonderes Vorhaben: Sie hoben diesen Betrag für einen Tag bei der Bank ab und zeigten das Geld, welches sicher in einem Koffer verstaut war, Christls Vater, der in Joachim eher ein „zigarettenrauchendes Bürscherl" als einen erfolgreichen Unternehmer sah. Dieser war völlig überrascht und konnte gar nicht fassen, was er da sah. Nie hätte er seinem Schwiegersohn einen derartigen beruflichen Erfolg zugetraut. Joachims Ansehen bei den Schwiegereltern, die ihn bislang nur zögerlich als Ehemann ihrer Tochter akzeptiert hatten, stieg.[16]

Als Christl Römer 1995 an Krebs erkrankte, übernahm Robert Süß – seit 1979 im Unternehmen – ihre administrativen Aufgaben. Süß, der bei der Münchner Zettler GmbH seine Lehre zum Elektromechaniker absolviert hatte, lernte Joachim Römer rein zufällig in einer Autowerkstatt kennen. Nachdem beide ins Gespräch gekommen waren und Römer einen guten Eindruck von Robert Süß bekommen hatte, bot Römer ihm eine Stelle in seiner Firma an. So kam es schließlich, dass Robert Süß im Kellerraum der Pullacher Gistlstraße, der lediglich mit einer kleinen Werkbank ausgestattet war, damit begann, die ersten Prototypen für Römers Unternehmen herzustellen.

Im ersten Jahrzehnt des Bestehens von Römers Firma stand letztendlich doch der Vertrieb von Komponeten im Vordergrund. Zwar konnte Römer eigene Entwicklungen vorweisen, doch war die AVS Römer doch mehr Handelsbetrieb als Ingenieurbüro. Das hatte sich aufgrund der Marktlage so ergeben. Römer gehörte in den 1970er Jahren zu den Wenigen in Deutschland, die Verschraubungen für Ventile anboten. In Anbetracht der hohen Nachfrage konzentrierte er sich auf das Vertriebsgeschäft.

1979 beschäftigte Joachim Römer insgesamt acht Mitarbeiter. Er hat innerhalb eines Jahrzehnts mit technischem Verständnis und unternehmerischem Geschick die Basis für ein kontinuierliches, gesundes Wachstum seiner Firma geschaffen.[17] Ende der 1970er Jahre standen die Zeichen der Zeit auch denkbar günstig. So erwartete der deutsche Maschinenbau, der Hauptabnehmer von Automatisierungstechnik und damit von Ventilen war, eine Produktionssteigerung auf 101 Mrd. DM. Das entsprach einem Plus von fünf Prozent. Mit einer Kapazitätenauslastung von 87 Prozent näherte sich die Branche damit seit 1971 erstmals wieder der Vollbeschäftigung. Die Pneumatik- und Ölhydraulikbranche, und damit auch die AVS Römer, konnte von diesem wirtschaftlichen Aufschwung im Maschinenbau nur profitieren.[18]

[4]

Techniker und Unternehmer

Die Entwicklung des Unternehmens seit 1979 Wenige Jahre nach Joachim C. Römers Unternehmensgründung wurde es im Pullacher Büro und Garagenlager eng. Der Platz reichte nicht mehr aus, um die Aufträge effektiv bearbeiten zu können. Daher erwarb Römer ein größeres Betriebsgebäude in Straßlach, einer Gemeinde in der Nähe von Pullach. Im April 1979 zog das Unternehmen dorthin um.[1]

Das dort eingerichtete Lager und der Montageraum boten eine Fläche von 500 m^2, ein separat eingerichtetes Versuchslabor verfügte über etwa 100 m^2. Im Versuchslabor befand sich ein Magnetventilprüfstand, durch den Wasser mit verschiedenen Drücken durchgepumt wird, um die Ventilprototypen testen zu können. Kostenorientiert kaufte Joachim Römer zunächst gebrauchte Tische, Werkbänke oder Maschinen. Ihm war es wichtig, dass die Dinge funktionierten, nicht ob sie neu waren. Um die Membranen für Ventile herstellen zu können, erwarb Römer schließlich sogar eine gebrauchte Gummipresse der Firma Siemens.

Nun legte Römer großen Wert darauf, dass so viele Teile wie möglich im eigenen Haus produziert wurden, mit dem Ziel, die Zuliefermengen so weit wie möglich zu reduzieren. Eine größere Verarbeitungstiefe sollte erreicht werden. Dafür musste anfangs viel improvisiert werden. Es war typisch für ihn, dass er Dinge so lange ausprobierte, bis sie funktionierten. So auch bei der noch heute existierenden Gummifertigung. Da anfangs weder Joachim Römer noch Robert Süß wussten, wie man Ventilmembranen herstellte, dauerte es zunächst eine gewisse Zeit, bis alles reibungslos funktionierte. Nachdem sie sich jedoch ausgiebig belesen und zahlreiche Versuche unternommen hatten, gelang das Vorhaben schließlich. Neben der Gummipresse organisierte Römer noch eine Maschine, die zur Produktion von Ventilkörpern verwendet wurde. Mit ihr begann die erste Serienproduktion der AVS Ingenieur J. C. Römer GmbH: ein Messingkörper für Ventile.

Im Hinblick auf die Aufgabenverteilung im Unternehmen stand von Beginn an fest, dass Joachim Römer den Bereich der Konstruktion und Robert Süß den der Versuche übernahm. Beide Männer ergänzten sich her-

Ein Gammaventil der Firma AVS Römer. Diese Ventilart gehört zu der Gruppe der Automatikventile und wird in den verschiedensten Bereichen des Maschinen- und Apparatebaus angewendet.

vorragend und leisteten mit ihrem technischen Verständnis und ihren Innovationen ausgezeichnete Arbeit.

Nach dem Umzug erweiterte Römer sein Angebot und begann mit der Produktion von Magnetventilen. Es heißt, dass er schon als kleiner Junge von dieser Ventilart fasziniert war und sogar seinem Vater vorgeschwärmt hatte, er wolle, wenn er erwachsen sei, unbedingt Magnetventile herstellen. 1979/80 erfüllte sich Römer diesen Wunsch und produzierte – zunächst in geringem Umfang – kleine, direkt wirkende Ventile. Dabei handelte es sich um Magnetventile, deren Komponenten man zunächst von anderen Anbietern zukaufen musste, um sie dann zusammenzusetzen. Später produzierte die AVS alle Einzelteile selbst. Bis 1980 lebte die AVS Ingenieur J. C. Römer GmbH überwiegend vom Vertrieb von Verschraubungen und belieferte vor allem Kunden aus dem Bereich der Ventilherstellung und des Maschinenbaus. Ab 1980 bot Joachim Römer neben Verschraubungen auch sämtliche andere Komponenten, die man für pneumatische Steuerungen benötigte, an. Darunter befanden sich zum Beispiel Zylinder, Schläuche oder die bereits erwähnten Magnetventile.

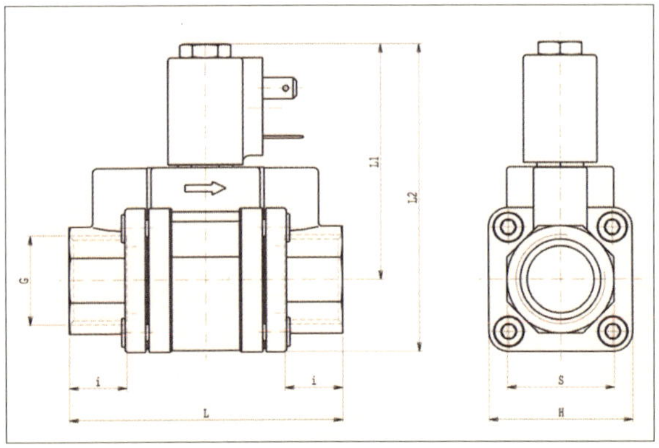

Das Gammaventil von Römer zeichnet sich durch seine koaxiale Bauweise aus, durch die das Ventil eine außergewöhnlich hohe Lebensdauer bekommt.

Der Produktionsstandort Grafenau 1980 pachtete Joachim Römer ein Grundstück mit einer 1.000 m^2 großen Werkshalle in Grafenau im Bayerischen Wald. Ein zweiter Standort sollte entstehen. Grund für diesen Schritt war, dass Römer sich von dem italienischen Unternehmen der Camozzi-Brüder trennen und nun ganz eigene Wege gehen wollte. Die Camozzis hatten sich mehr und mehr in Richtung Großproduktion von Verschraubungen entwickelt, Römer hingegen verfolgte die Idee einer kleineren Firma, die sich auf Nischen konzentriert.[2]

Auf der Suche nach einem geeigneten Standort stieß Joachim Römer zunächst auf eine Firma mit mechanischer Fertigung in Unterthingau im Allgäu. Hier liefen die Geschäfte nicht mehr gut, daher hatte sich der Inhaber Richard Wander entschlossen, zu verkaufen. Kurz nachdem er ein Inserat aufgegeben hatte, meldete sich Joachim Römer und erkundigte sich nach

Ein 2/2-Wege-Magnetventil der Firma AVS Römer. Anfang 1980 begann Joachim Römer mit der hauseigenen Produktion von Magnetventilen.

näheren Details zu Wanders Unternehmen. Römer fuhr noch am gleichen Tag ins Allgäu, und nach einem ausführlichen Gespräch war Römer so von der Person Richard Wanders überzeugt, dass er ihm sogleich die Stelle des Betriebsleiters für die neue Produktionsstätte anbot. Der Standort Unterthingau schien ihm allerdings nicht geeignet.

Richard Wander, der Römer im ölbefleckten Overall in seinem Wohnzimmer empfangen und ihn – wie sich später herausstellte – damit enorm beeindruckt hatte, nahm das Angebot an und begann im September 1980 zunächst in Straßlach. Gemeinsam mit Wander setzte Römer seine Suche nach einem neuen Produktionsstandort fort. Nachdem sie von Bad Tölz bis über die österreichische Grenze hinaus nach entsprechenden Objekten Ausschau gehalten hatten, gelangten Römer und Wander schließlich in den Bayerischen Wald. Dort wurden ihnen von der Regierung von Niederbayern einige Objekte vorgeschlagen, darunter auch ein ca. 16.000 m² großes Grundstück in Grafenau, auf dem sich eine stillgelegte Betriebshalle der Bayerischen Leichtmetallwerke München befand. Römer entschloss sich zur Pacht der Halle und des Grundstücks. Schon am Abend des 2. November 1980 kam Wander, ausgestattet mit einem Klappbett und seinem Campingkocher, mit dem Firmenbus nach Grafenau und trat seine Arbeitsstelle als Betriebsleiter an. Später gaben seine Frau und er den Wohnort im Allgäu auf und zogen in eine Grafenauer Wohnung.

Richard Wander, Robert Süß und Christl Römer bezweifelten bei ihrer ersten Besichtigung des neuen Standortes zunächst, dass die große Werkshalle jemals vollständig mit Maschinen bestückt werden könnte. Doch Joachim Römer, dem es an Pioniergeist nie gefehlt hat, ließ sich nicht beirren und glaubte an seine Vision. Nur einen Tag nachdem Wander in Grafenau angekommen war, wurden die ersten Maschinen von Straßlach geliefert. Wander bestand darauf, diese sofort zu lackieren, sodass auch der

Die AVS Römer-Fabrik in Grafenau. 1980 erweiterte Joachim Römer sein Unternehmen und errichtete eine neue Produktionsstätte im Bayerischen Wald.

optische Eindruck eines Neuanfangs gewährleistet war. Der Maschinenpark wurde schließlich noch durch Maschinen, die aus Wanders ehemaliger Firma stammten, sowie durch einige Gebrauchtmaschinen, die Römer im Laufe der Zeit hinzukaufte, ergänzt.

Der Standort Grafenau, an dem anfangs vier Mitarbeiter beschäftigt waren, entwickelte sich hervorragend und konnte im Laufe der Jahre kontinuierlich vergrößert werden. 1988 wurde Grafenau um eine Produktionshalle erweitert, in der ein Konstruktionsgebäude sowie ein Magnetventilprüfstand eingerichtet wurden. Dieser diente dazu, anhand von Durchflussmessungen und Druckschlaguntersuchungen an Ventilen Versuche durchzuführen. 1996 kam eine Lagerhalle hinzu, die durch ihr Regalsystem eine übersichtlichere Lagerung des Materials ermöglichen sollte.

Römer versuchte, seine Firma ohne Fremdkapital zu finanzieren, was ihm auch gelang. Von seinem Großvater Johann Herz – Direktor der Deutschen Bank – hatte er gelernt, auf Kredite zu verzichten. Oft erzählte Römer seinen Mitarbeitern, dass ihn sein Großvater eindringlich gewarnt habe: „Jokl, Du musst Dir eins merken: Die Banker sind Schlawiner. Leih Dir niemals Geld!“ Römer verinnerlichte diese Worte und setzte stattdessen auf ein langsames Wachstum seines Unternehmens. Aus diesem Grund nahm die AVS Ingenieur J. C. Römer GmbH auch keine typische Entwicklung, wie sie bei vielen anderen Firmen zu beobachten war. Römer ging es nicht darum, permanent zu expandieren, um ein „Imperium“ zu schaffen. Er erkannte schon sehr früh, dass ein zu schnelles Wachstum nicht seinem Wesen entsprach und er als Chef eines riesigen Unternehmens womöglich an Lebensqualität verlieren würde. Joachim Römer war ein Mensch, der unabhängig und frei in seinen Entscheidungen agieren wollte. Es war ihm wichtig, seine Angestellten persönlich zu kennen und die Personalfluktuation so gering wie möglich zu halten. Er legte mehr Wert auf eine übersichtliche, handwerklich geführte Firma als auf Millionenumsätze. Aus diesem Grund entschloss er sich frühzeitig, die Firma als kleinen Nischenanbieter am Markt zu etablieren.[3]

Gegenüber seinen Mitarbeitern war Joachim Römer sehr liberal eingestellt und ließ ihnen ihre Freiräume. Auch warf er seinen Angestellten nie Fehler vor, sondern spornte sie eher an, es beim nächsten Mal besser zu machen. Römer war nicht nachtragend. Ganz bewusst verzichtete er auf strenge Hierarchien. Robert Süß erinnert sich, dass Römer ihm persönlich immer das Gefühl gab, Teil der Firma zu sein.

Römer, der in seiner perfektionistischen Art sämtliche Vorgänge bis ins kleinste Detail durchorganisiert haben wollte, lag es fern, mit seinem Unternehmen oder Erfolg zu prahlen. Nie wollte er seine Kunden oder Geschäftspartner mit – in seinen Augen – unwichtigen Dingen behelligen. Deshalb gab es etwa auf der Firmenwebsite auch keine umfangreiche Darstellung seiner Person und der Unternehmensgeschichte. Seine Produkte standen im Mittelpunkt, nicht er selbst.

So liberal und großzügig Joachim Römer gegenüber seinen Mitarbeitern war, so ungehalten konnte er auch sein. Es kam vor, dass er die Geduld verlor und einen Wutausbruch bekam. Dann flogen auch mal Ventile durchs offene Fenster. Allerdings wurde Römer nie persönlich, und so schnell er wütend geworden war, beruhigte er sich auch wieder.

Für Römer galt „Geht nicht, gibt's nicht!“ Umso schwieriger war es für die Mitarbeiter, wenn sie ihm erklären mussten, dass eine seiner Ideen nicht realisierbar war. In einer solchen Situation musste man sehr gut auf die Besprechung vorbereitet sein und sich genauestens mit der Materie auskennen, denn Römer ließ sich nur schwer von seinem Standpunkt abbringen. Er konnte schwer zugeben, wenn er sich in einer technischen Frage getäuscht hatte, und es dauerte einige Zeit, bis er aufhörte, über seinen Irrtum nachzudenken.[4]

Bei seiner Unternehmenserweiterung am Standort Grafenau kam Joachim Römer der Umstand zugute, dass die 1980er Jahre deutschlandweit ganz im Zeichen des Wachstums der Pneumatikbranche standen. Viele Kunden hatten die Vorteile der Benutzung von Druckluft erkannt: Zuverlässigkeit, eine einfache Handhabung sowie eine hohe Leistungsdichte und

Dynamik. Die Tatsache, dass die Pneumatiktechnologie für nahezu alle Branchen von Bedeutung war, garantierte ein weiterhin starkes Wachstum des Wirtschaftszweiges.[5]

Gemeinsam mit seinen Mitarbeitern gelang es Römer über die Jahre, einen namhaften Kundenstamm aufzubauen. Zu den wichtigsten Abnehmern gehörten damals die Rosenheimer Firma Kettner, die Urban Maschinenbau GmbH oder die Heidelberger Druckmaschinen AG, an die Römer Verschraubungen, verschiedene Sonderkugelhähne, Schläuche etc. lieferte. In Anbetracht der wachsenden Konkurrenz bestand Römers Leistung und die seiner Mitarbeiter darin, große Kunden zu gewinnen und sie über die Jahre hinweg zu halten. Obwohl die AVS Ingenieur J. C. Römer GmbH Produkte im oberen Preissegment agierte, konnte sie sich immer über eine gute Auftragslage freuen. Die Stärke des Unternehmens lag und liegt vor allem in der zeitnahen Lieferfähigkeit sowie in den Sonderanfertigungen. Dadurch war und ist man für die Kunden sehr flexibel und konnte sich einen klaren Vorteil am Markt sichern.

Joachim Römer hielt zum 10-jährigen Jubiläum des Standortes Grafenau eine Rede. Noch heute ist Richard Wander, der mit Römer 1980 das Grundstück für die Produktionsstätte auswählte, Betriebsleiter des Werks.

Joachim Römers Patente Am 16. März 1981 meldete Joachim Römer sein erstes Patent beim Deutschen Patent- und Markenamt in München an. Es handelte sich um eine „Schlauch- oder Kunststoffrohrverschraubung“, die vor allem bei pneumatischen Komponenten wie dem Anschluss von Schlauch- oder Kunststoffverbindungen an Wasserhähnen oder bei Ventilen verwendet wird. Römers Erfindung ist mit einem Gewindestutzen versehen, der den Schlauch bzw. das Kunststoffrohr hält. Auf dem Gewindestutzen befindet sich eine aufgeschraubte Überwurfmutter, die den Schlauch oder das Kunststoffrohr mediendicht gegen oder über einen sogenannten Abschlussabschnitt des Gewindestutzens drückt. Im Vergleich zu herkömmlichen Verschraubungen liegt die Neuerung von Römers Komponente darin, dass sie wesentlich robuster ist und kostengünstiger hergestellt werden kann. Außerdem bietet sie durch ihre spezielle Konstruktion mehr Platz für das Ansetzen eines Werkzeugs.[6]

Nur wenige Tage später, am 19. März 1981, erwarb Römer ein weiteres Patent für eine „Armatur zum Leiten und/oder Regeln von Medienströmen". In der Praxis werden diese Armaturen überwiegend in der Verfahrenstechnik, vor allem in der Luft- und Wasseranalysetechnik, verwendet. Aufgrund ihrer speziellen Konstruktion und ihrer Eigenschaft, auch sehr empfindliche Analysetoleranzen nicht zu stören, werden derartige Armaturen ebenso in medizinische Analysegeräte eingebaut. Joachim Römers Armatur weist dabei die Innovation auf, dass die Komponente hauptsächlich für aggressive Medien geeignet ist oder für Medien, die beispielsweise nicht mit Buntmetallen o. Ä. in Berührung kommen dürfen. Das Gehäuse der Armatur besteht aus einem Gehäuseteil, in dem sich ein spezieller Einsatz befindet. Dabei nimmt das aus einem festen Material bestehende Gehäuseteil sämtliche mechanische Kräfte auf. Die Besonderheit von Römers Erfindung liegt dabei darin, dass der Anschluss der Medienleitungen an die Armatur so gestaltet ist, „dass die mit dem Medium in Berührung kommenden Teile materialmäßig von den die mechanischen Kräfte aufnehmenden Teilen getrennt sind."[7] Römer achtete zudem darauf, dass sich seine Komponente leicht zusammenbauen ließ und man den sich im Gehäuseteil befindenden Einsatz mehrmalig entnehmen konnte.[8]

Das Jahr 1984 gilt als ein Höhepunkt der deutschen Ölhydraulik- und Pneumatikindustrie. Überdurchschnittliche Auslandsgeschäfte ließen die Gesamtbranche erstmals einen Umsatz von über 3 Mrd. DM erreichen, wovon die Ölhydraulik 2,5 Mrd. DM und die Pneumatik 0,7 Mrd. DM erwirtschafteten. Im Vergleich zum Vorjahr verzeichnete Letztere damit eine Umsatzsteigerung von mehr als 20 Prozent.[9] Im gesamten westeuropäischen Markt, der etwa dem der USA entsprach, hatte die Bundesrepublik mit 45 Prozent den größten Anteil an der Pneumatik- und Ölhydraulikindustrie.[10]

Auch die AVS Ingenieur J. C. Römer GmbH konnte kontinuierliche Erfolge verzeichnen und bot ihrer Kundschaft eine breite Palette an Pneumatikkomponenten und anderer Armaturen. 1985 umfasste Römers Sortiment verschiedene Arten von Pneumatikventilen, darunter pneumatisch oder elektromagnetisch betätigte Wegeventile, Sperrventile in Form von Rückschlag-, Wechsel- oder Schnellentlüftungsventilen sowie diverse Stromventile. Außerdem fertigte Joachim Römer in seiner Straßlacher Niederlassung Druckluftleitungen, Schlauch- und Rohrverbindungen, Schalldämpfer und Gerätestecker nach DIN 43650 an.[11]

1988 meldete er ein Patent für ein „Membranventil für Flüssigkeiten" an, dessen Anwendung in der Steuerung von Druckluft und anderen Fluiden, wie Öl oder Wasser, lag. Es bestand aus einem Zu- und Abstromanschluss für das Fluid sowie aus je einem Zu- und Abstrombereich, der durch eine fluiddurchlässige Stützwand abgedeckt wurde. Die Stützwand bestand aus zwei fluiddurchlässigen Rohrabschnitten, welche durch eine Trennwand separiert waren. Die Stützwand beeinflusste das Öffnungs- und Schließverhalten so, dass das Auftreten von Schließschlägen nahezu unterdrückt wurde. Ein weiterer Bestandteil war eine flexible Membran. Durch das Aufsitzen auf die Trennwand separierte sie zum einen den Zu- und Abstrombereich voneinander, zum anderen gab sie die Fluidströmung vom Zustrom- in den Abstrombereich frei. Die Membran lag in Form einer Schlauchmembran vor, deren Durchmesser etwa so groß war wie der Außendurchmesser des Stützrohrs. Römers einzigartige Entwicklung bestand darin, dass die Steuerkammer ein verbessertes Öffnungs- und Schließverhalten aufwies, sodass die Möglichkeit bestand, das Membranventil auch als fremdmediumgesteuertes Membranventil mit großem Steuerdruckbereich einzusetzen. Bei herkömmlichen Anwendungen entstand durch das schnelle Abschließen des Mediums, zum Beispiel bei einem Wasserschlauch im Garten oder der Hauswasserinstallation, ein enorm lautes Geräusch, da man sehr hohe Druckspitzen im System hatte. Die Energie, die durch das schnelle Schließen der Armatur erzeugt wurde, musste anders abgeleitet werden, wollte man langfristig keine Schäden der Komponenten verzeichnen. Römers Ventil war so konstruiert, dass sämtliche Schließschläge vermieden wurden, obwohl das Ventil innerhalb kürzester Zeit schloss. In der Praxis wurde Römers innovative Komponente vor allem als fremdgesteuer-

AVS Römer in Grafenau. Joachim Römer und seine Angestellten arbeiteten anfangs ausschließlich mit gebrauchten Maschinen. Erst später wurden neue Maschinen angeschafft.

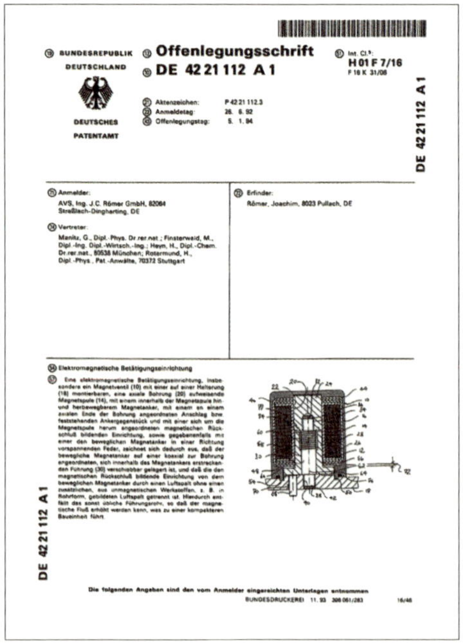

BUNDESREPUBLIK DEUTSCHLAND

DEUTSCHES PATENTAMT

Offenlegungsschrift

DE 42 21 112 A 1

Int. Cl.⁵: H 01 F 7/16
F 16 K 31/06

Aktenzeichen: P 42 21 112.3
Anmeldetag: 26. 6. 92
Offenlegungstag: 5. 1. 94

DE 42 21 112 A 1

Anmelder:
AVS, Ing. J.C. Römer GmbH, 82064 Straßlach-Dingharting, DE

Vertreter:
Manitz, G., Dipl.-Phys. Dr.rer.nat.; Finsterwald, M., Dipl.-Ing. Dipl.-Wirtsch.-Ing.; Heyn, H., Dipl.-Chem. Dr.rer.nat., 80538 München; Rotermund, H., Dipl.-Phys., Pat.-Anwälte, 70372 Stuttgart

Erfinder:
Römer, Joachim, 8023 Pullach, DE

Elektromagnetische Betätigungseinrichtung

Eine elektromagnetische Betätigungseinrichtung, insbesondere ein Magnetventil (10) mit einer auf einer Halterung (18) montierbaren, eine axiale Bohrung (20) aufweisende Magnetspule (14), mit einem innerhalb der Magnetspule hin- und herbewegbarem Magnetanker, mit einem an einem axialen Ende der Bohrung angeordneten Anschlag bzw. feststehenden Ankergegenstück und mit einer sich um die Magnetspule herum angeordneten magnetischen Rückschluß bildenden Einrichtung, sowie gegebenenfalls mit einer den beweglichen Magnetanker in einer Richtung vorspannenden Feder, zeichnet sich dadurch aus, daß der bewegliche Magnetanker auf einer koaxial zur Bohrung angeordneten, sich innerhalb des Magnetankers erstreckenden Führung (30) verschiebbar gelagert ist, und daß die den magnetischen Rückschluß bildende Einrichtung von dem beweglichen Magnetanker durch einen Luftspalt ohne einen zusätzlichen, aus unmagnetischen Werkstoffen, z. B. in Rohrform, gebildeten Luftspalt getrennt ist. Hierdurch entfällt das sonst übliche Führungsrohr, so daß der magnetische Fluß erhöht werden kann, was zu einer kompakteren Baueinheit führt.

DE 42 21 112 A 1

Die folgenden Angaben sind den vom Anmelder eingereichten Unterlagen entnommen

BUNDESDRUCKEREI 11. 93 308 061/283 16/46

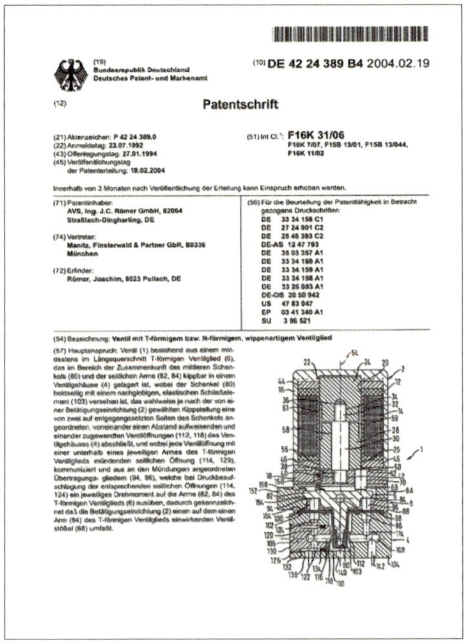

(19) Bundesrepublik Deutschland
Deutsches Patent- und Markenamt

(10) DE 42 24 389 B4 2004.02.19

(12) Patentschrift

(21) Aktenzeichen: P 42 24 389.0
(22) Anmeldetag: 23.07.1992
(43) Offenlegungstag: 27.01.1994
(45) Veröffentlichungstag der Patenterteilung: 19.02.2004

(51) Int Cl.⁷: F16K 31/06
F16K 7/07, F15B 13/01, F15B 13/044, F16K 11/02

Innerhalb von 3 Monaten nach Veröffentlichung der Erteilung kann Einspruch erhoben werden.

(71) Patentinhaber:
AVS, Ing. J.C. Römer GmbH, 82064 Straßlach-Dingharting, DE

(74) Vertreter:
Manitz, Finsterwald & Partner GbR, 80336 München

(72) Erfinder:
Römer, Joachim, 8023 Pullach, DE

(56) Für die Beurteilung der Patentfähigkeit in Betracht gezogene Druckschriften:
DE 33 34 158 C1
DE 27 24 901 C2
DE 25 46 393 C2
DE-AS 12 47 793
DE 35 03 357 A1
DE 33 34 160 A1
DE 33 34 159 A1
DE 33 34 158 A1
DE 33 26 083 A1
DE-OS 20 50 942
US 47 83 047
EP 03 41 340 A1
SU 3 06 521

(54) Bezeichnung: Ventil mit T-förmigem bzw. N-förmigem, wippenartigem Ventilglied

(57) Hauptanspruch: Ventil (1) bestehend aus einem mindestens im Längsquerschnitt T-förmigen Ventilglied (6), das im Bereich der Zusammenkunft des mittleren Schenkels (80) und der seitlichen Arme (82, 84) kippbar in einem Ventilgehäuse (4) gelagert ist, wobei der Schenkel (80) beidseitig mit einem nachgiebigen, elastischen Schließelement (103) versehen ist, das wahlweise je nach der von einer Betätigungseinrichtung (2) gewählten Kippstellung eine von zwei auf entgegengesetzten Seiten des Schenkels angeordneten, voneinander einen Abstand aufweisenden und einander zugewandten Ventilöffnungen (112, 118) des Ventilgehäuses (4) abschließt, und wobei jede Ventilöffnung mit einer unterhalb eines jeweiligen Armes des T-förmigen Ventilglieds mündenden seitlichen Öffnung (114, 129), kommuniziert und aus an den Mündungen angeordneten Übertragungs- gliedern (94, 96), welche bei Druckbeaufschlagung der entsprechenden seitlichen Öffnungen (114, 124) ein jeweiliges Drehmoment auf die Arme (82, 84) des T-förmigen Ventilglieds (6) ausüben, dadurch gekennzeichnet daß die Betätigungseinrichtung (2) einen auf dem einen Arm (84) des T-förmigen Ventilglieds einwirkenden Ventilstößel (68) umfaßt.

Innovationen Joachim Römers: Patentanmeldungen für eine elektromagnetische Betätigungseinrichtung (links) sowie für ein Ventil mit T-förmigem bzw. N-förmigem, wippenartigem Ventilglied (rechts).

tes Membranventil, als direkt wirkendes 2/2-Elektromagnet-Wegeventil sowie als Rückschlagventil verwendet.[12] Robert Süß betont, dass Römers Membranventil eines der besten Druckluftventile am Markt darstellte, da es äußerst strapazierfähig war und der Verschluss des Ventils so konstruiert wurde, dass man es mühelos in eigene Konstruktionen einbauen konnte.[13]

Die neuen Produkte der AVS Ingenieur J.C. Römer GmbH brauchten eine gewisse Zeit, bis sie sich am Markt etabliert und bei den Kunden durchgesetzt hatten. Meistens waren die Käufer zurückhaltend, wenn es um neue Komponenten ging. Zu groß war die Sorge, dass man sich mit einem neuen Produkt seine Maschinen kaputt machen könnte oder es aus anderen Gründen nicht funktionieren würde, erklärt Süß die Zurückhaltung gegenüber einem neuen Sortiment. Nachdem sich das Membranventil für Flüssigkeiten jedoch bewährt hatte, gewann Römer immer mehr Kunden. Noch heute bringt das Ventil gute Umsätze.

Die Standorte Langenberg und Königsdorf Insgesamt verliefen die ersten 20 Jahre für Römers Unternehmen mehr als positiv. Joachim Römer konnte zu Recht stolz auf sich sein, denn er hatte es geschafft, seinen Traum zu verwirklichen: eine eigene Firma aufzubauen und diese zum Erfolg zu führen. Doch Römer war kein Mensch, der sich auf seinen Leistungen ausruhte. Er wollte weiter vorankommen, sich selbst und allen anderen beweisen, was er erreichen konnte. Dies aber mit Bedacht und schrittweise und keineswegs mit der Idee, um jeden Preis zu wachsen.

Römer entschied sich Ende der 1980er Jahre, sein Unternehmen um ein Zweitwerk sowie um ein Zentrallager zu erweitern. Der Standort des neuen Zweitwerkes sollte Langenberg werden, ein kleiner Ortsteil der Gemeinde Raschau im Erzgebirgskreis. Römer war sehr geschichtsinteressiert und wusste, dass das Erzgebirge eine industriell geprägte Region war. Lachend erinnert sich Richard Wander an Römers Aussage, dass es in Sachsen bereits eine gut entwickelte Industrie gegeben hat, während man in Bayern noch ackerte.

Römer hatte das 17.300 m² große Anwesen in Langenberg, auf dem sich ein altes Fabrikgebäude befand, nach langen Recherchen 1991 gefunden. Der Besitzer, ein über 80-jähriger Mann, willigte unter der Bedingung in den Verkauf ein, dass das alte Gebäude nicht abgerissen werden dürfte. Joachim Römer ging darauf ein und erwarb das Grundstück. Nachdem er das alte Industriegebäude saniert hatte, errichtete er noch eine neue Werkshalle auf dem Grundstück, sodass der Standort ab sofort für die Produktion, die Zentrallagerung sowie für den Versand der Fertigprodukte zuständig war. Auf dem Richtfest, das im Herbst 1992 gefeiert wurde, bedankte sich Joachim Römer für die außerordentliche Unterstützung, die er von der Gemeinde Raschau und dem damals amtierenden Bürgermeister erhalten hatte. Ferner erinnerte er an den Verkäufer des Firmengrundstücks: „Dieser Vertrauensvorschuss eines so lebenserfahrenen Menschen ist und bleibt für uns Verpflichtung“, so Römer in seiner Eröffnungsrede.[14]

1991 erwarb Joachim Römer ein Grundstück im Erzgebirge, auf dem sich ein altes Fabrikgebäude befand.
Hier entstand ein neuer Produktionsstandort der AVS Römer GmbH. Das alte Gebäude wurde nicht abgerissen, sondern mit einigem Aufwand renoviert.

Am 1. August 1991 wurden Olaf Kirsten als Betriebsleiter sowie zwei weitere Mitarbeiter eingestellt. Kirsten konnte Joachim Römer über die ostdeutschen Gepflogenheiten informieren und war bei den Baumaßnahmen ein wichtiger Berater, wobei er auch gerne selbst Arbeiten übernahm. 1993 hatte sich der Betrieb in Langenberg so weit entwickelt, dass man neben der Spulenfertigung auch mit der spangebenden Fertigung von Magnetventilen beginnen konnte. Römer hatte inzwischen weitere Mitarbeiter eingestellt, unter denen sich auch ehemalige Angestellte der Metallwarenfabrik Beierfeld – eines Unternehmens, das nach der Wende aufgelöst wurde – befanden. Auch Olaf Kirsten war in dieser Firma beschäftigt gewesen, bevor er zu Joachim Römer kam. Bis heute ist Kirsten Betriebsleiter in Langenberg, wo mittlerweile weitere 39 Mitarbeiter tätig sind.[15]

Im Gegensatz zu Römers Unternehmen, das florierte und angemessene Gewinne verzeichnete, musste die Pneumatik- und Ölhydraulikbranche Anfang der 1990er Jahre erstmals größere Einbrüche hinnehmen. Der deutsche Maschinen- und Anlagenbau erlebte zu dieser Zeit die schärfste Rezession der vergangenen 40 Jahre, was sich vor allem in der sinkenden Auftragslage und der geringen Kapazitätenauslastung widerspiegelte. In der Pneumatik- und Ölhydraulikbranche bewirkte der Negativtrend Umsatzrückgänge, die 1993 bei einem Minus von 13 Prozent lagen. Auch die Produktion sank seit 1991 um 18 Prozent auf 190,4 Mrd. DM.[16] Dadurch, dass sich andere Industrienationen wie Großbritannien, die skandinavischen Länder und die USA ab 1992 ebenfalls in einem wirtschaftlichen Abwärtstrend befanden, verstärkte sich der Konjunkturrückgang in Deutschland zusätzlich.

Joachim Römer und sein Unternehmen schienen von dieser Wirtschaftsmisere allerdings wenig betroffen. Unbeirrt entwickelte er neue Komponenten und meldete 1992 und 1993 insgesamt fünf neue Patente an. Darunter befand sich auch eine elektromagnetische Betätigungseinrichtung, die er im Juni 1992 beim Münchner Patentamt einreichte.[17] Sie bestand aus einer Magnetspule, die auf eine Halterung montierbar war und eine axi-

Die Produktionsstandorte Grafenau und Langenberg heute: moderne Maschinen und gut ausgebildete Mitarbeiter.

ale Bohrung besaß. Innerhalb der Magnetspule befanden sich ein bewegbarer Magnetanker sowie ein festes Ankergegenstück. Um die Magnetspule wurde eine Einrichtung montiert, die den magnetischen Rückschluss bildete. Außerdem bestand Römers elektromagnetische Betätigungseinrichtung, die zur Steuerung von Fluidventilen diente, aus einer Feder, die die Aufgabe hatte, den Magnetanker in eine Richtung zu spannen. Die Neuerung dieser Komponente lag darin, dass der Magnetanker verschiebbar gelagert wurde und die Einrichtung, die den magnetischen Rückschluss bildete, von dem beweglichen Magnetanker durch einen Luftspalt getrennt war. Dieser musste dabei nicht aus unmagnetischen Werkstoffen bestehen, wodurch das sonst notwendige Führungsrohr entfiel. Zudem wurde dadurch der magnetische Fluss erhöht, was zu einer kompakteren Baueinheit führte.

Ab 1994 entschärfte sich die angespannte wirtschaftliche Situation allmählich, und die Nachfrage nach Hydraulik- und Pneumatikkomponenten wuchs wieder an. Auch die Fluidtechnik, die ebenfalls als wichtiger Zulieferer des Maschinenbaus galt, befand sich ab 1995 wieder im Aufwind. Sie zählte zu jenen deutschen Branchen, die im internationalen Wettbewerb einen Spitzenplatz einnahmen: 36 Prozent aller weltweiten Fluidtechnik-Exporte stammten aus Deutschland.[18]

1996 erwarb Römer ein etwa 8.000 m² großes Grundstück in Königsdorf, einem kleinen Ort, der etwa 50 Kilometer südlich von München liegt.

Magnetventile waren von Anfang an Joachim Römers große Leidenschaft. Hier eine Dosierventilbatterie Typ EMV.

Schon ein Jahr später, im Dezember 1997, erfolgte der Umzug der gesamten Verwaltung und des Vertriebs der AVS Ingenieur J. C. Römer GmbH von Straßlach nach Königsdorf, wodurch der Standort zur neuen Zentrale von Römers Unternehmen wurde.

Neben diesen erfreulichen Entwicklungen brachte das Jahr 1997 aber auch einen schweren Schicksalsschlag für Joachim Römer mit sich: Am 15.

Februar erlag seine Ehefrau Christl ihrem Krebsleiden und hinterließ, sowohl im privaten als auch im unternehmerischen Bereich, eine große Lücke. Christls Aufgaben in der Firma, vor allem im administrativen bzw. organisatorischen Bereich, musste nun jemand anderes übernehmen. Übergangsweise kümmerte sich Robert Süß um diese Angelegenheiten, was sich aufgrund seines ohnehin schon hohen Arbeitsumfangs sehr schwierig gestaltete. 1999 entschied sich Joachim Römer deshalb, einen neuen Mitarbeiter einzustellen, welcher sich um die kaufmännischen Angelegenheiten des Unternehmens kümmern sollte. Seine Wahl fiel dabei auf Roland Meier, der sich schnell in seine Aufgaben einarbeitete und heute als engagierter Prokurist für die AVS Ingenieur J. C. Römer GmbH tätig ist. Zur gleichen Zeit wurde das alte Bürogebäude am Standort Grafenau abgerissen und eine neue, zweistöckige Produktionshalle errichtet. Diese diente als Erweiterung des Teilelagers sowie des Büros, in dem sich die Konstruktionsabteilung und die Montage befanden. Außerdem wurden neue Reserveflächen geschaffen, die dem späteren Bedarf dienen sollten.[19]

[5]

Der Privatmann Joachim C. Römer

Joachim C. Römer und seine Oldtimer-Leidenschaft Blickt man auf das private Leben Joachim C. Römers, so trifft man auf eine ganz besondere Leidenschaft: seine Liebe zur ursprünglichsten Automobiltechnik überhaupt, den Oldtimern.[1] In Deutschland gelten laut § 2 Nr. 22 Fahrzeug-Zulassungsverordnung jene Fahrzeuge als Oldtimer, die vor mindestens 30 Jahren erstmals in Betrieb genommen wurden, größtenteils ihrem Originalzustand entsprechen, in einem guten Erhaltungszustand sind und „zur Pflege des kraftfahrzeugtechnischen Kulturgutes dienen".[2] Abhängig von ihrem Baujahr bezeichnet man Oldtimer entweder als Ancestor (bis 1904), Veteran (1905 bis 1918), Vintage (1919 bis 1930), Post Vintage (1931 bis 1945) oder als Post War (1946 bis 1960).[3]

In Joachim Römers Leben spielte eine Oldtimer-Marke eine zentrale Rolle: der Ford T, der 1908 das erste Mal in Amerika gebaut wurde. Die Marke geht auf Henry Ford zurück, der 1903 zusammen mit elf Investoren die Ford Motor Company gründete und damit den Grundstein für die Serienfertigung von Automobilen legte. 1908 verließ das erste Automobil, das nach der neuen Fabrikmethode gebaut wurde, das Band: das Model T von Ford, auch „Tin Lizzy" („Blechliesel") genannt.[4] Mit über 15 Millionen war der Ford T die meistverkaufte Marke der Automobilgeschichte.[5] Nach knapp zwei Jahrzehnten waren die Tage des Ford T gezählt. Im Juni 1927 verließ der letzte Ford T das Band.[6] Fords „Tin Lizzy" galt als „Urgroßvater der Massenmotorisierung"[7], als Automobil, das sich jeder leisten konnte. Negativ gewendet führte dies zu folgender Redewendung, die besagte, „dass ein Ford T einen überall hinbringen kann, nur nicht in die High Society".[8]

Automobile, die aus den 1950er Jahren stammten und weit hinter den Zeiten des Ford T lagen, betitelte Römer augenzwinkernd als „Nachkriegsschrott". Daran lässt sich unschwer erkennen, wie sehr er sich für die uralte Automobiltechnik begeistern konnte und wieviel ihm die Marke Ford T bedeutete. Er selbst bezeichnete seine Oldtimer-Passion als „Sucht".[9] Sie waren „wie Metallbaukasten für ältere Herren".[10] Römer, der sehr auf die technischen Aspekte seiner historischen Autos konzentriert war und einen

Oldtimer in Römers Glashaus. Oldtimer begeisterten Joachim Römer sein gesamtes Leben.

wissenschaftlichen Umgang mit ihnen pflegte, wollte immer alles perfekt haben. Deshalb kam es nicht selten vor, dass er technische Zeichnungen von Zündungen, Steuerungen oder Motoren anfertigte, um genau rekonstruieren zu können, was im Auto wie funktionierte. Er verbrachte hunderte Stunden bei seinen „motorisierten Lieblingen" in der Garage, schraubte an ihnen herum und polierte sie auf Hochglanz. Joachim Römer sah seine Autos, aber auch alle anderen Maschinen, als eine Art „Lebewesen" an, die gepflegt werden mussten und die seine Zuwendung brauchten. Eine Anekdote aus seinen Kindheitstagen verdeutlicht seine enge Beziehung zu Maschinen: Er brach in Tränen aus, als er in einem amerikanischen Westernstreifen mit ansehen musste, wie eine Lokomotive, die gerade von einer Brücke gestürzt war, „ihr letztes Schnaufen von sich gab" und völlig zerstört wurde. Während alle anderen Kinder von den Cowboyhelden des Films begeistert waren, faszinierte Joachim nur die Eisenbahn.[11]

Römer war auch ein leidenschaftlicher Sammler von Zeitschriften, Büchern und Berichten, die sich mit Oldtimern, speziell mit dem Ford T, beschäftigten.[12]

Für die meisten Oldtimer-Fans beginnt der Einstieg in die Szene mit dem Kauf eines eigenen „klassischen" Autos, denn damit fängt die Zeit des „leidigen Ersatzteilproblems" an.[13] Um die technischen Sorgen zu lösen, treten Gleichgesinnte in Kontakt, gründen sogar Vereine. Die Vereine sind neben dem Wissensaustausch auch deswegen so attraktiv, weil gesellige Treffen und Ausfahrten organisiert werden. Joachim Römer war Mitglied in zahlreichen Oldtimer-Vereinen, wie z. B. in der Hanomag Interessengemeinschaft, im DAVC oder im Dixi Club München. Seine ganze Aufmerksamkeit galt allerdings einem ganz bestimmten – seinem – Club: dem Model-T-Alpenchapter Bavaria & Austria, den er 2005/06 gemeinsam mit seinen Bekannten bzw. Freunden Leonhard Lanzl, Alexander Hörterer, Alois Muhr und Olav Römer gründete.[14] Letzterer ist übrigens nicht mit Joachim Römer verwandt. Bereits lange vor dem Zusammenschluss hatten sich die Oldtimer-Fans regelmäßig getroffen und gemeinsame Ausfahrten

Der Ford A wird abgeladen.

unternommen. Dabei entstand die Idee, dass man sich in einer Art Club organisieren wollte, um sich besser austauschen und Ersatzteilfragen gemeinsam lösen zu können. Dieses Vorhaben bildete schließlich die Initialzündung für die Gründung des Model-T-Alpenchapter. Die Zielsetzung der auf den Ford T spezialisierten Vereinigung liegt vor allem darin, die Interessen der Model T-Fahrer im deutschsprachigen Raum zusammenzuführen, Erfahrungen auszutauschen und sich bei technischen Problemen gegenseitig zu unterstützen.[15] Heute zählt der Club etwa 90 Mitglieder in Österreich, in der Schweiz, in den Niederlanden, in Italien und in Deutschland. Olav Römer erklärt, dass es im Model-T-Alpenchapter keine hierarchischen Strukturen gibt und es sich mehr um eine Art „Stammtisch oder Interessengemeinschaft" handelt als um einen Verein. Viele der Mitglieder schätzten Joachims technische Ratschläge.[16]

Eine ungewollte Besonderheit des Clubs besteht darin, dass, obwohl Frauen sehr willkommen sind, es nur männliche Mitglieder gibt. Olav Römer führt das Fehlen von weiblichen Mitgliedern im Club auf die komplizierte Fahrweise des Ford T zurück. Generell würden sich nur sehr wenige Frauen zutrauen, diese Marke zu fahren. So wird beim Model T beispielsweise durch das Bedienen dreier Fußpedale geschaltet und am Lenkrad Gas gegeben. „Das Verwirrspiel wird logisch, wenn man den Vergleich zur Kutsche zieht. Auch das Zugpferd kontrolliert der Kutscher einzig mit seinen Händen, die Rolle der Zügel nehmen beim Modell T Lenkrad und Gashebel ein."[17] Hinzu kommt, dass man mit 20 PS und einer schlechten Bremsleistung des Autos zurechtkommen muss. Selbstverständlich ist es keine Frage des Geschlechts, ob man den Ford T fahren kann, vielmehr geht es darum, sich mit dessen Funktionsweise auszukennen.[18] Wichtig dabei ist, dass man nahezu alles, was man über das konventionelle Autofahren weiß, ausblendet und sich völlig unvoreingenommen hinter das Steuer des Wagens setzt.

Trotz der technischen Besonderheiten des Autos beteiligen sich auch die Ehefrauen der Oldtimer-Fans des Model-T-Alpenchapter am Hobby ihrer Männer. Oft nehmen sie an den Ausfahrten und den Treffen des Clubs

Joachim Römer im Ford T. Mit der Marke Ford T fühlte sich Römer stark verbunden. Seine besondere technische Ausstattung und die gewöhnungsbedürftige Fahrweise verliehen dem Wagen besondere Reize.

teil. Die Frauen nebst ihren Männern sind offen und freundlich, Neumitglieder werden herzlich aufgenommen und schnell integriert, wie 2008 auch Joachim Römers Lebensgefährtin Gabriela. Das Gefühl, gemeinsam mit 20 bis 30 anderen Oldtimern im Konvoi zu fahren und winkende, klatschende Menschen am Straßenrand zu sehen, sei „einfach unbeschreiblich und wunderschön". Oldtimer-Fans sind der Ansicht, dass es bei solchen Ausfahrten nicht um die einfache Beförderung in einem Auto geht, sondern vielmehr um „das Fahren und um die Liebe zur uralten Technik, durch die man sich in eine ganz andere Zeit versetzt fühlt". Das Faszinierende sei vor allem, dass man ein Auto besitzt, das bereits seit 1908 auf der Straße ist und von Menschen der damaligen Zeit gefahren wurde.

Derartige Nostalgie kommt auch bei den Oldtimer-Treffen auf, die in ganz Deutschland stattfinden und sich eines großen Publikums erfreuen. Joachim Römer war ein großer Fan dieser Spektakel und besuchte sie re-

„Oldtimer-Treffen". Joachim Römer war Gründungsmitglied des Model-T-Alpenchapter Bavaria & Austria, eines Oldtimer-Clubs für Ford T-Liebhaber.

Bau des Glashauses. Aufmerksam verfolgte Römer den Neubau seines Glashauses im Jahr 2008. Es war ihm wichtig, dass seine Fahrzeuge eine angemessene Unterstellmöglichkeit bekamen.

gelmäßig. Vor allem die Oldtimer-Treffen des Motor-Sport-Clubs Geretsried e. V. hatten es ihm angetan. Im September 2000 nahm er beispielsweise mit seinem Ford CUSAI, T-Runabout, Baujahr 1911, an der Veranstaltung teil.[19] Auch 2003 war er mit seinem Wolseley 6 H. P., Baujahr 1904, mit von der Partie.[20] Stolz berichtete Römer, wie er den Wagen „ohne Besichtigung" im Juni 2002 einem australischen Oldtimer-Fan abgekauft und den Wagen nach einer mehrwöchigen Schiffsreise endlich in Empfang nehmen konnte. Entgegen seiner ursprünglichen Absicht, das Automobil in seinem Zustand zu belassen und lediglich ein paar Kleinigkeiten zu reparieren, machte sich Römer schon sehr bald daran, das Auto zu zerlegen und den Motor zu überholen. Karosserie und Rahmen brachte er in Einzelteilen zu einem Lackierer, bestimmte Teile des Wagens fertigte er sogar neu an. Er versah alle seine Fahrzeuge mit Blinkern. „Mit diesem Stilbruch will ich vermeiden, dass meine andernfalls notwendigen Handbewegungen Jugendlichen Anlass geben, an meinem Geisteszustand zu zweifeln, oder dass meine Handzeichen irrtümlich für ein neues Körpertraining gehalten werden", so Römer.[21]

Da die Oldtimer-Sammelleidenschaft immer mehr zunahm und die „Lieblinge", verteilt in allen möglichen Garagen, nicht den gebührenden „Respekt" erfuhren, ließ Joachim Römer 2008 neben seinem Wohnhaus ein Glashaus für alle seine Oldtimer errichten.

Joachim Römer hatte eine besondere Beziehung zu seinen Automobilen. Wenn er einen Wagen verkaufte, war es ihm wichtiger, dass er das Auto in guten Händen wusste, finanzielle Aspekte traten hier in den Hintergrund. Beim Verkauf seines Jaguars verzichtete Römer auf eine große Geldsumme, weil er genau wusste, dass der Käufer seinen Wagen pflegen und sehr gut behandeln würde. Der Käufer kannte sich technisch bestens mit Autos aus und war der einzige Interessent, der sich bei der Begutachtung des Wagens den Motor zeigen ließ. Obwohl er nicht die gewünschte Summe aufbringen konnte, entschloss sich Römer, den Jaguar an ihn zu verkaufen. Bei dem Käufer handelte es sich um Robert Süß, einen der heutigen Geschäftsführer der AVS Ingenieur J. C. Römer GmbH.[22]

Weitere Freizeit Wenn Joachim Römer in seiner knapp bemessenen Freizeit einmal nicht dabei war, an seinen Oldtimern zu schrauben, konnte man ihn in der Sollner Gaststätte Iberl finden. Gemeinsam mit seiner damaligen Frau Christl und einigen Freunden besuchte er die traditionsreiche Wirtschaft erstmals 1966. Im Januar desselben Jahres übernahm Georg Maier, heutiger Intendant und Schauspieler der Iberl-Bühne, die Pacht des Gasthauses und wandelte es in ein Jazzlokal um. Er kam mit Römer schnell ins Gespräch und stellte fest, dass beide eine Leidenschaft teilten: die Jazzmusik. Römer selbst war zu dieser Zeit Kassenwart eines kleinen Jazzclubs in Solln, der zur Gaststätte Kreitmair gehörte. Hier traten in einem mittelgroßen Saal mit Bühne jeden Mittwochabend kleinere Musikgruppen auf. Auch Joachim Römers Freund und späterer Anwalt Bolko von Brunn spielte dort gelegentlich mit seiner Band. Nachdem jedoch Georg Maier ihn an seinen Stammtisch eingeladen hatte, wurde das Iberl mehr und mehr zum zentralen Treffpunkt von Römer und seinen Freunden. Gemeinsam hörten sie dort Musik, spielten Billard und genossen gemeinsame Abende.

Hier fiel Joachim Römer insofern aus dem Rahmen, als er der Einzige am Stammtisch war, der nicht nur bei Bier oder Wein blieb, sondern meist alles durcheinander trank. Es war keine Seltenheit, dass „Jokl" hintereinander Whiskey, Absinth, Kaffee, Bier, Wein und Cola bestellte. Zwar war er nie betrunken von dieser seltsamen Mischung, doch führte Römers ungewöhnliches Trinkverhalten zur ein oder anderen spöttischen Bemerkung durch den Wirt und seine Freunde. Auch von anderen Besuchern blieb die fröhliche Truppe um Römer nicht unbemerkt. Noch heute hängt am damaligen Stammtisch, gleich der erste Tisch links neben der Theke, das Schild „Joachim Römer", das Georg Maier zu Ehren seines besonderen Gastes angebracht hat.[23]

Wenn Joachim Römer im Iberl war, dann gab es viel zu lachen und zu erzählen. Vor allem, wenn er sich mit seinem Freund Christian Zentner über politische Themen unterhielt, ging es hoch her. Für Außenstehende wirkten die spitzfindigen Diskussionen der beiden häufig wie ein inszeniertes Kabarett, das für eine ausgelassene, heitere Stimmung sorgte. Römer war damals Anhänger der FDP, bewunderte aber auch die Politik Willy Brandts und Helmut Schmidts. Allerdings lehnte er einen übertriebenen Sozialstaat ab und vertrat die These, dass jeder, der für seine Ziele hart arbeitet, es auch allein, ohne staatliche Unterstützung, schaffen könne. In seinen späteren Jahren freundete sich Römer mehr und mehr mit der Politik der CDU/CSU an, was am Iberl-Stammtisch häufig Anlass zu Sticheleien bot. Vor allem wenn es um die Person Franz Josef Strauß ging, waren die Meinungen gespalten. Warf Römer diesem in jungen Jahren noch Korruption und Wahlbetrug vor, verehrte er ihn später als begnadeten Politiker. Neben den politischen Themen waren aber auch „Jokls" Versuche, den Stammtischbrüdern seine neuesten technischen Erfindungen zu erklären, unvergesslich, da sie mit vollem schauspielerischen Einsatz dargebracht wurden und er es verstand, sich geschickt in Szene zu setzen. Ab und an hatte Joachim seine Modelleisenbahnkataloge im Iberl dabei und unterhielt sich dann stundenlang mit Gleichgesinnten über dieses Thema. Er war der vollen Überzeugung, dass jedes Kind mit einer Modelleisenbahn spielen müsse. Seine Modelleisenbahn-Leidenschaft betrieb er ebenso passioniert wie die der Oldtimer. So schaffte er sich beispielsweise Modelle der E-Loks an, die am Münchner Hauptbahnhof ankamen und konnte stundenlang von der Geschichte der Eisenbahn erzählen. Dampfloks hatten es ihm besonders angetan. Schließlich besorgte er sich sogar Pläne vom Dresdner Bahnhof und wollte diesen als Modell nachbauen. Allerdings fand er nie die Zeit dazu.[24]

Joachim C. Römer im Iberl in Solln. Ab und an ging Joachim Römer zum Stammtisch, wo er seine Freunde traf.

Neben dem Iberl zählte auch die Münchner Diskothek Künstleratelier, das heutige P1, zu einer beliebten Anlaufstelle Römers und seiner Stammtisch-Freunde. Bevor Michael Käfer 1983 das P1 übernahm, gehörte es in den 1960er Jahren einem Griechen mit dem Spitznamen Alecco. Fast täglich fuhren die Freunde „downtown", wie man damals den Ausflug in die Stadt München bezeichnete, oder besuchten die umliegenden Wirtschaften. Nur an Ausflügen an die Isar nahm Römer nie teil, da er kein besonderer

Natur- und Sonnenfreund war und das Baden im Freien nicht besonders mochte. Generell war Joachim Römer kein Urlaubstyp. Er lehnte das Nichtstun und vor allem Hotels ab. Nie hätte er sich etwa mit einem Roman an einen Swimmingpool gesetzt, um zu entspannen. Immer musste er aktiv sein, immer musste es etwas für ihn zu tun geben. So ist es kaum verwunderlich, dass Joachim sich nur selten dazu überreden ließ, gemeinsam mit seiner Frau Christl und Tochter Anina in den Urlaub zu fahren. Wenn sie dann doch einmal wegfuhren, suchte er sich vor Ort eine Beschäftigung, die ihm vor dem puren Nichtstun „rettete". So auch während eines Urlaubs im damaligen Jugoslawien: Bereits nach dem zweiten Tag wurde Römer vor lauter Langeweile ganz unruhig. Entsprechend schlecht war die Stimmungslage, sodass Familie Römer beschloss, am folgenden Tag abzureisen. Am nächsten Morgen entdeckte Joachim Römer jedoch ein defektes Motorboot. Er sprach sofort den verwunderten Besitzer auf die auffälligen Geräusche an, die der Motor machte, und begann sogleich, den Motor zu reparieren und das Boot wieder flott zu machen. Durch Römers unbändigen Tatendrang war der Urlaub schließlich gerettet.

Eine andere Geschichte aus einem späteren Jugoslawien-Urlaub: Nachdem die Familie in einem Hotel angekommen war, „erstarrte" Römer ganz plötzlich, was auch dem Hotelpersonal nicht entging. Auf die Nachfrage eines Mitarbeiters, ob es ihm nicht gut ginge oder man ihm helfen könne, antwortete Römer in einem schroffen Ton: „Ja hören Sie das nicht?! Die Unwucht unten im Keller!" Das verdutzte Hotelpersonal konnte mit Römers Vorwurf zunächst natürlich nichts anfangen, allerdings stellte sich später heraus, dass im Keller tatsächlich eine Waschmaschine stand, die aufgrund einer Unwucht in der Trommel das von Römer wahrgenommene Geräusch hervorrief. Wieder machte er sich an die Arbeit und fertigte aus alten Autoreifen ein neues Lager für die Waschmaschine an, da es zu dieser Zeit in Jugoslawien kaum Ersatzteile gab. Römer liebte es, „hochschullehrerhaft"[26] zu dozieren und genau zu erklären, wie etwas funktionierte. So begab es sich, dass er beinahe das gesamte Hotelpersonal zu sich zitierte

[74] Der Privatmann Joachim C. Römer

und es über die Wartung der Waschmaschine eingehend belehrte. Insgeheim war Römer sicher froh darüber, dass er bereits am ersten Tag eine Ablenkung von seinem bevorstehenden Urlaub gefunden hatte.[25]

Für Joachim Römer spielte Essen eine untergeordnete Rolle. Eine schlüssige Begründung gab es dafür nie.[26] Er empfand es schlichtweg als uninteressant und überflüssig, an inszenierten Essensereignissen teilzunehmen. Von klein auf nahm er sich kaum Zeit für Mahlzeiten und bestellte, wenn er in einer Gaststätte war, konsequent immer nur „irgendein gebratenes Stück Fleisch" ohne Beilage. Gemüse und Salat waren ihm ein Graus. Daheim bevorzugte er lediglich Butterbrote, was noch heute bei vielen seiner Freunde für ein Schmunzeln sorgt. Auch im Büro aß er 20 Jahre lang nur Käsesemmeln und trank einen Liter Milch dazu. Mehlspeisen und Suppen mochte er. Alles andere war ihm zu kompliziert, außer Rinderrouladen, die sein Lieblingsessen waren.[27]

Allerdings war Römer bekennender Raucher und machte nie einen Hehl aus diesem Laster. Wenn ihn jemand unterwegs fragte, ob er etwas essen möchte, antwortete er meist zur Verblüffung seines Gegenübers: „Ich esse nicht, ich rauche."[28]

Familienleben Die Römers – Joachim, Christl und Anina – führten kein typisches Familienleben, da Joachim seine Aufmerksamkeit überwiegend der Firma und den technischen Entwicklungen widmete. Hinzu kam, dass Christl, im Gegensatz zu ihrem Mann, nur ungern ausging, sodass das Ehepaar daheim nur wenige gemeinsame Stunden verbrachte. Manchmal besuchten sie zusammen den Stammtisch im Iberl, aber gemeinsame Abende in seinem Lieblingslokal hatten eher Seltenheitswert. Ihre Urlaube in London, der Türkei oder auf Korfu und Ibiza verbrachten Christl und Tochter Anina ohne Joachim. Er hatte nichts dagegen, wenn seine Familie gemeinsam mit Christls bester Freundin und deren Tochter wegfuhr. Christl selbst beschwerte sich nie über diese Eigenheiten und akzeptierte die manchmal nicht ganz einfache Art ihres Mannes.[29]

oachim C. Römer vor dem Start einer Dampflokfahrt on Nördlingen bis Feuchtwangen im Juni 2009, die er n Führerhaus mitmachen konnte. Ein Geschenk von einer Frau Gabriela.

Das Verhältnis von Joachim Römer zu Anina gestaltete sich jedoch zunehmend schwierig. Anina war ein intelligentes und sehr musikalisches Kind. Sie studierte zunächst in England Betriebswirtschaft und arbeitete im elterlichen Betrieb mit. Doch nach kurzer Zeit trat sie wieder aus, was ihr Vater bedauerte. Sie heiratete Rick Davenport und übersiedelte mit ihm in die USA. Dort begann sie ein Zweitstudium der Psychologie. Joachim Römer fiel es schwer, zu akzeptieren, dass seine Tochter einen anderen Weg einschlug als er es sich gewünscht hatte.[30]

Joachim Römer schätzte seine Frau Christl und ihre Verdienste für das Unternehmen. 1995 erkrankte Christl und starb am 15. Februar 1997 im Harlachinger Krankenhaus. Joachim Römer brauchte lange, bis er seine Trauer überwunden hatte und wieder annähernd der Mensch wurde, der er vor Christls Tod war. „Joachim Römer war ein Mensch, der sein Leben nicht gern umkrempelte", erinnert sich sein langjähriger Mitarbeiter Richard Wander. Doch Römers Leben hatte sich durch diesen Schicksalsschlag abrupt geändert, und er musste lernen, ohne Christl zurechtzukommen. Da er sich nie zuvor mit hauswirtschaftlichen Dingen beschäftigt hatte, war er nun noch mehr als sonst auf seine Haushaltshilfe angewiesen. Nachdem Joachim es jedoch geschafft hatte, seine Trauer und den Schmerz zu überwinden, fand er allmählich wieder ins Leben zurück und schaffte es, seinen Alltag zu organisieren.[31]

Erneute Heirat Wie er selbst und Freunde bekundeten, erlebte Joachim Römer im September 2007 noch einmal das ganz große Glück. Er lernte auf dem Gut Aiderbichl, einem Bauernhof für kranke und alte Tiere in Henndorf bei Salzburg, Gabriela Cegla kennen.

Gabriela Cegla, geborene Früh, wurde am 4. Juni 1954 in Oettingen geboren und wuchs im etwa 30 Kilometer entfernten Donauwörth auf. Ihre Mutter stammte aus Olmütz und war bis zur Flucht mit ihren Eltern nach Bayern im Olmützer Rathaus als Sekretärin tätig. Gabrielas Vater diente als Fahrlehrer bei der Bundeswehr. 1970 wurde er von Donauwörth nach München versetzt, sodass die gesamte Familie in die bayerische Landeshauptstadt zog. Gabriela Früh absolvierte eine Ausbildung zur Bürokauffrau und war danach lange Zeit, bis zur Geburt ihres Sohnes Christoph, als Buchhalterin bei der Firma Wacker tätig. Ab 1986 arbeitete sie als Sekretärin bei der Deutschen Taekwondo Union. Schon immer interessierte sich Gabriela für die Malerei. Nach Ausbildung bei namhaften Künstlern hat sie sich diese Leidenschaft bis heute bewahrt. Sie unterrichtete an Volkshochschulen und gab Privatunterricht. Außerdem war sie über 20 Jahre lang ehrenamtlich tätig. Von der Elternbeiratsvorsitzenden im Kindergarten und in der Schule bis hin zur Pfarr- und SPD-Gemeinderätin sowie Schul- und Jugendreferentin in Karlsfeld übte Gabriela viele Ämter aus. Als sie nach acht Jahren den Gemeinderat verließ, attestierte ihr der Fraktionsvorsitzende der CSU bei ihrer Verabschiedung, dass sie eine fachlich versierte und streitbare Kollegin gewesen sei, mit der alle gut auskamen.

In ihrer Zeit als Gemeinderätin gründete sie einen Verein, der sich u.a. zur Aufgabe gestellt hat, einen Abenteuerspielplatz zu bauen. Gabriela Cegla konnte den damaligen Bürgermeister und die Gemeinderäte überzeugen, ein geeignetes Grundstück bereitzustellen. Mit ihrem Verein organisierte sie Arbeitseinsätze, da sehr viele Arbeiten von den Vereinsmitgliedern und ihren Familien selbst ausgeführt werden konnten. Gabriela Cegla legte hier selbst mit Hand an, schleppte Steine, betonierte und erledigte sonstige handwerkliche Aufgaben, die noch anfielen. So entstand ein sehr ansehnlicher Kinderspielplatz, der noch heute breite Zustimmung findet. Gabrielas Tochter Melanie, Kinderpflegerin bei der Stadt München, und ihr Sohn Christoph, Politikwissenschaftler, sind heute 27 und 31 Jahre alt.

Nachdem sich Joachim und Gabriela kennengelernt hatten, unternahmen sie viel gemeinsam und stellten schnell fest, dass sie sehr gut zueinander passten. Für beide war es noch einmal die große Liebe. Sie waren sehr an Politik und Geschichte interessiert und konnten darüber häufig stundenlange Gespräche und Diskussionen führen, häufig auch sehr kontrovers. Sie vertrauten einander und es gab von Anfang an keine Tabuthemen. Joa-

Joachim Römer mit den Gänsen Elsa und Jakob.

chim erwähnte oft, dass er es zutiefst bedauere, Gabriela nicht früher begegnet zu sein. Er hatte den Anspruch, dass Gabriela immer für ihn da sein solle, was für sie keine Schwierigkeit bedeutete, da sie in ihrem bisherigen Leben immer für andere Menschen gesorgt hatte. Das Einzige, was Gabriela nicht leicht akzeptieren konnte, war Joachims geringes Interesse am Essen. Gabriela, die leidenschaftlich gern kocht, versuchte ab und zu von seinen wenigen Lieblingsspeisen abzukommen und ihm ein neues Gericht „unterzujubeln" – ab und an mit Erfolg.

Beide liebten Tiere über alles. Vor allem Joachims Hund Benno, die Hausgänse Elsa und Jakob sowie unzählige Eichhörnchen und alle möglichen heimischen Vogelarten, die sie täglich im Garten fütterten, bereiteten ihm und Gabriela viel Freude. Zum 70. Geburtstag machte sie Joachim ein ganz besonderes Geschenk: „Besuch beim Lieblingstier" im Tierpark Hellabrunn, wo beide gemeinsam die Elefanten füttern durften. Nebenbei erzählte der Pfleger ihnen interessante Geschichten über die Tiere. Neben Gänsen zählten vor allem Erdmännchen zu den Lieblingstieren der Römers, was Gabriela später auch veranlasste, ein Plüscherdmännchen in den Sarg ihres Mannes zu legen. Nachdem Joachim Römer krank wurde, spielten Tiere weiterhin eine große Rolle in seinem Leben. Als es ihm gesundheitlich sehr schlecht ging, verbrachte er viel Zeit damit, aus dem Fenster zu sehen, seine Gedanken schweifen zu lassen und dabei Tiere zu beobachten.

Mit ihrem Anspruch auf Perfektionismus und ihrem Pragmatismus passten die beiden sehr gut zusammen. Beide teilten zudem die Ansicht, sich nicht in die Kindererziehung des anderen einzumischen und sich achtungsvoll zu behandeln. „Ich habe immer seinen respektvollen Umgang geschätzt. Er und ich hätten uns nie nachteilig über unsere Familien oder Kinder ausgesprochen", erinnert sich Gabriela Römer. Generell verhielt sich Joachim Römer sehr offen und freundlich, auch gegenüber Gabrielas Kindern. Nur kurze Zeit nachdem Römer den Verlobten von Gabrielas Tochter Melanie kennengelernt hatte, bot er ihm eine Stelle im Außendienst seiner Firma an. Auch mit Christoph, Gabrielas Sohn, verstand sich Römer gut.

Wohnhaus in der Pullacher Gistlstraße 45. Sein Elternhaus war dem heimatverbundenen Römer immer sehr wichtig. Hier wuchs er auf und begann später seine Unternehmerkarriere.

Beide diskutierten gern über das politische Geschehen und vertraten dabei in freundschaftlichen Auseinandersetzungen ihre kontroversen Ansichten. Er erzählte den Kindern mit Freude von seiner Liebe zur Modelleisenbahn und den Oldtimern.

Joachims große Begeisterung galt auch seinem Wohnhaus in der Pullacher Gistlstraße. Mit Gabriela besichtigte er zwar häufig andere Häuser in Österreich oder am Starnberger See, doch als sie wieder zu Hause waren, sagte er: „Das ist schon das schönste Haus, ich kann mich nicht trennen." Deshalb wollte er auch unbedingt, dass Gabriela dieses Haus später bekam. Auf keinen Fall sollte es verkauft oder vermietet werden.

Joachim und Gabriela heirateten am 14. Januar 2009 und leiteten damit eines der schönsten Jahre ihrer Beziehung ein. Sie unternahmen sehr viel gemeinsam: Neben den Besuchen im Betrieb fuhren sie zu Eisenbahnmessen, gingen in den Tierpark oder sahen sich Orgeln an, für die sich Joachim Römer in diesem Jahr besonders interessierte. Gabriela schenkte ihm einen Besuch bei einem Orgelbauer aus Waldkirch, der ihnen einiges über Kirmesorgeln erzählte. Einmal fuhren sie sogar nach Holland, nur um eine Orgel und einen Oldtimer zu besichtigen. Außerdem reisten sie geschäftlich nach Italien, wo Gabriela Joachim dazu überreden konnte, einen Tag länger als geplant zu bleiben.

Charakter Joachim C. Römer war in seinem ganzen Wesen eine Ausnahmeerscheinung. „Die Person Joachim war teilweise ambivalent", so Gabriela Römer. Sein facettenreicher Charakter zeichnete sich durch sein umfassendes Technikverständnis und seinen absoluten Erfolgswillen aus. Allerdings stand sein Charme stets in einem gewissen Widerspruch zu seiner Geradlinigkeit, mit der nicht jedermann zurechtkam. Trotz seiner manchmal etwas schwierigen, dominanten Art war Joachim Römer ein Mensch, der andere Leute magisch anzog und faszinierte. Er konnte unglaublich gut mit Sprache umgehen; er war ein begnadeter Sprachenjongleur. Als begeisterter Dialekte-Sprecher liebte er vor allem den österreichi-

Joachim Römer beim Gänsefüttern. Neben Erdmännchen und Hunden zählten auch Gänse zu seinen Lieblingstieren.

schen und schwäbischen Dialekt. Eine kleine Marotte von ihm war, dass er gern Begriffe aus der Technik auf den menschlichen Körper ummünzte. So hatte eine Person kein breites Becken, sondern eine Kühlerhaube, oder Gelenke waren Scharniere usw.[32]

Joachim Römer stellte – so wie an sich selbst auch – sehr hohe Ansprüche an seine Mitmenschen und umgab sich ausschließlich mit Leuten, die für ihn einen gewissen Unterhaltungswert hatten und sich in seinen Augen durch Intelligenz auszeichneten. Nie hätte Römer Zeit mit Personen verbracht, die er nicht sympathisch fand oder die ihn gar langweilten. Oberflächliche Menschen lehnte er rigoros ab.[33] Er war ein Mensch, den fremde Personen nur sehr schwer einschätzen konnten. Lediglich die Wenigen, die ihn sehr gut kannten, wussten, wie er auf Situationen oder andere Menschen reagierte. Außerdem war Römer vor allem für seine Ungeduld bekannt, die ihn häufig aus der Fassung brachte und in Rage versetzte. So bereitete sich Gabriela Römer beispielsweise einmal für eine geschäftliche Reise vor und stand extra frühzeitig auf, um alles erledigen zu können. Joachim hingegen kam zum Frühstücken und sagte: „Wir fahren in zweieinhalb Minuten, ich gehe schon mal vor."[34]

Gegenüber Frauen war Joachim Römer sehr traditionell eingestellt und für eine eher altmodische Rollenverteilung: Eine Frau musste für ihn da sein und sich um ihn und den Haushalt kümmern. Im Gegenzug wollte Römer die finanziellen Belange übernehmen und seine Partnerin versorgen. Obwohl Joachim Römer sehr großzügig sein konnte, lebte er nie verschwenderisch und sparte an den Stellen, an denen er dies persönlich für wichtig hielt. Nachdem er sich das Glashaus für seine Oldtimer hatte errichten lassen, musste Gabriela monatelang täglich den Stromverbrauch der Nachtspeicheröfen dokumentieren, sodass er genau ausrechnen konnte, wie viel Leistung die Öfen brachten.[35]

Vor allem im technischen Bereich fand Joachim Römer seine ganz persönliche Erfüllung. „Schon als kleines Baby krabbelte er mit dem Schraubenzieher im Mund umher"[36] und untersuchte neugierig seine Umwelt.

„Joachims Leben war von der Technik geprägt", erinnert sich Gabriela Römer. Immer wenn sie gemeinsam an irgendwelchen Geräten vorbeigingen, wusste er in den meisten Fällen durch das bloße Hören, welche Ventile sich darin befanden. Römer interessierte sich sein Leben lang für alles, was sich bewegte: Eisenbahnen, Dampfmaschinen, Traktoren usw. Schon früh fing Joachim damit an, Dinge in Einzelteile zu zerlegen und an ihnen herumzubasteln. Besonders angetan hatten es ihm dabei militärische Überreste aus Kriegszeiten: Feldkopfhörer, Armeeabzeichen oder Kleidungsstücke – egal, was Joachim Römer fand, er sammelte es für sich selbst oder tauschte es liebend gern mit seinen Freunden. Außerdem baute er als kleiner Junge eine eigene Antenne auf dem Dachboden, mit der er und sein Bruder Christof dann gemeinsam den Radiosender RIM München empfangen konnten. Joachim Römer entwickelte ein derartiges technisches Interesse und Verständnis, dass schon früh klar wurde, wohin sein Lebensweg ihn führen würde. Er war regelrecht von Maschinen besessen und entwickelte sich zu einem „Technikfan". Oft tüftelte Römer nächtelang ununterbrochen an Maschinen oder Geräten und ließ nicht locker, bis alles so funktionierte, wie er es sich vorgestellt hatte.

[6]

Die letzten Jahre

Krankheit und Tod Zum Jahreswechsel 2007/08, also kurz nachdem er Gabriela Cegla kennengelernt hatte, fühlte sich Joachim Römer nicht gut. Er ging nicht gern zum Arzt, doch Gabriela konnte ihn schließlich überreden, einen Arzt aufzusuchen. Neben zu hohem Blutdruck stellte der Arzt ein Aneurysma – eine Engstelle an der Aorta – bei Römer fest, welches dringend operiert werden musste. Später wurde ein weiteres Aneurysma diagnostiziert, das einen erneuten Eingriff erforderte. Für Joachim Römer begann damit eine leidliche Zeit, in der er permanent zum Arzt musste. Er gab Gabriela zu verstehen, dass er von medizinischen Dingen nur wenig Ahnung hatte und sich wünschte, sie würde zu ihm ziehen, um sich besser kümmern zu können. Gabriela hatte zu diesem Zeitpunkt jedoch berufliche Verpflichtungen, die sie nicht so einfach aufgeben konnte.[1]

Im Januar 2008 kam Joachim Römer ins Großhaderner Krankenhaus, wo das erste Aneurysma am Aortenbogen operiert wurde. Es war eine sehr schwere Operation. Gabriela verbrachte so viel Zeit wie möglich an Joachims Krankenbett – am Wochenende sogar bis zu zwölf Stunden täglich. „Das war eine enorm anstrengende Zeit. Ich war nur noch in Eile, aber ich tat es für meinen Joachim sehr gerne."

Leider trugen die Nieren von der Operation einen Schaden davon, sodass Joachim auf die Nephrologiestation verlegt werden und weitere zwei Wochen im Krankenhaus bleiben musste. Immer wenn die Ärzte Römer über seinen Zustand informieren wollten, verwies er sie an Gabriela: „Das ist meine Oberschwester, die spricht mit Ihnen. Ich selbst verstehe nichts davon." Nachdem Joachim Römer nach Hause entlassen wurde, ging es ihm kaum besser. Seine Werte waren immer noch schlecht und er nahm innerhalb kürzester Zeit stark ab. Dennoch lehnte er einen Aufenthalt in einer Rehabilitationsklinik strikt ab. Er wünschte sich, dass Gabriela sich um ihn kümmerte. Als sich sein Zustand weiter verschlechterte, wurde die Operation des zweiten Aneurysmas, die eigentlich für September vorgesehen war, schon im März 2008 durchgeführt. An einem Samstag fuhr ihn Gabriela ins Krankenhaus rechts der Isar. Die Autofahrt wird sie ihr Leben lang nicht

Gemälde von Gabriela Römer, 2009. Gabriela Römer malt in ihrer Freizeit und gab auch Zeichen- und Malkurse. Auf dem Gemälde, das die Krinoline auf dem Oktoberfest zeigt, ist rechts auch Joachim Römer abgebildet.

mehr vergessen: Hilflos musste sie mit ansehen, wie Joachim vor Schmerzen in sich zusammensackte. Sofort wurde er auf die Intensivstation aufgenommen. Nach der erneuten, sehr schwierigen Operation blieben die Nierenwerte weiterhin sehr schlecht, man sprach von einer Niereninsuffizienz. Joachim hatte inzwischen 20 Kilo abgenommen. „Er war nur noch ein Schatten seiner selbst“, erzählt Gabriela Römer, die sich im April 2008 auf sein Drängen hin entschloss, zu ihm nach Pullach zu ziehen. Auch nach der zweiten Operation lehnte Joachim einen Reha-Aufenthalt ab. Er wollte niemand Fremden um sich haben. All die Ärzte und die fremden Leute waren für ihn belastend und seinem Genesungsprozess nicht zuträglich.

Schließlich suchte Römer einen Nierenspezialisten auf, der sofort veranlasste, dass Römer sich einer Dialysetherapie im Schwabinger Krankenhaus unterzog. Schon nach der ersten Andialyse von einer Stunde verbesserte sich sein Zustand, der vorher durch quälenden Juckreiz und allgemeine Schwäche geprägt war. Nach einer Woche konnte er die Klinik verlassen und musste die weitere Dialysetherapie fortan dreimal wöchentlich im Martha-Maria-Krankenhaus in München fortsetzen. Für die Schwestern war er ein sehr angenehmer Patient, bei dem man spüren konnte, wie er sich von Tag zu Tag erholte. Langsam blühte Joachim Römer wieder auf. Nun doch interessiert an medizinischen Fragen, erforschte er das Dialysegerät und horchte mehrmals hinein, um festzustellen, mit welchen Ventilen es funktionierte. Sobald die Krankenschwestern das Gerät öffneten, sah er es sich genauestens an und ließ sich von den Ärzten alle Details erklären. Zudem sprach er mit den Ärzten über den Herzdruck, wobei er erfuhr, dass täglich 8.000 Liter Blut durch das Herz gepumpt werden. Joachim wollte alles genau wissen und erkundigte sich darüber, wie die menschlichen Blutbahnen funktionieren.

Die Besserung seines Zustandes führte dazu, dass Römer auch wieder häufiger in die Firma fuhr und dort nach dem Rechten sah. Damit begann auch die Zeit, in der Joachim Römer seine Frau Gabriela immer mehr in die Firma integrierte. Ihm war es sehr wichtig, dass sie Teil des Unternehmens

Blick aus dem Fenster des Hauses in der Pullacher Gistlstraße.

wurde. Ab und zu kamen Roland Meier und Robert Süß zu den Römers nach Hause, um Geschäftliches zu besprechen oder Unterlagen vorbeizubringen.

Ende Januar 2009 war die Dialyse nicht mehr notwendig. Die Römers waren überglücklich. Allerdings wurde die Freude von starken Rückenschmerzen überschattet, an denen Joachim Römer seit den Operationen litt. Römer konnte dadurch kaum noch gehen. „Ich kann mich nicht erinnern, dass wir in den drei Jahren einmal eine längere Strecke Händchen haltend nebeneinander gelaufen sind", erinnert sich Gabriela Römer traurig. Im Betrieb bereiteten die Mitarbeiter Stühle für ihren Chef vor, damit er die Strecken durch die Produktionshallen bewältigen konnte. Obwohl sich Joachim von Gabriela zu einer Schmerztherapie überreden ließ, trat keine Besserung ein. Römer musste erleben, wie ihn sein Körper immer mehr im Stich ließ. Es war furchtbar für ihn, dass er, bedingt durch die Operationen, den Nierenschaden und die Rückenschmerzen an keinem Oldtimer mehr schrauben konnte. 2010 sagte er nach einer gemeinsamen Oldtimer-Ausfahrt, dass dies sein letzter Ausflug gewesen sei. Er konnte nicht einmal mehr die kleinsten Schäden im Haus reparieren, was ihn schwer belastete. 2009 musste er all seine Kraft zusammennehmen, um mit Gabriela ein Vogelhaus für den Garten zu bauen. Danach war er vollkommen erschöpft.

Im Oktober 2010 erkrankte Römer an einer vermeintlichen Lungenentzündung. Später stellte sich heraus, dass es sich um einen Lungentumor handelte, der diese Symptome hervorrief. Nichts ahnend von dieser tragischen Diagnose feierte Joachim Römer am 5. November 2010 noch das 30-jährige Jubiläum des Firmenstandortes Grafenau, das seine Frau und Frau Wander in liebevoller Kleinstarbeit organisiert hatten. Alle Mitarbeiter der AVS Ingenieur J. C. Römer GmbH kamen bei dieser Gelegenheit zusammen und freuten sich mit ihrem Chef über das gelungene Fest. Gabriela schenkte ihrem Mann eine Miniatur des Standortes Königsdorf, worüber er sich unendlich freute. Außerdem konnte er sich laut lachend über die Darbietungen eines Zauberers und eines Bauchredners amüsieren.

Joachim C. Römer vor einer Modelleisenbahn.

Am ersten Weihnachtsfeiertag erbrach Joachim Blut. Sofort musste er in die Klinik zur Bronchoskopie. Während er bei einer Untersuchung war, informierte ein Arzt Gabriela, nachdem er ein CT-Bild ihres Mannes studiert hatte, dass keine Hoffnung mehr bestünde. Sie war völlig durcheinander und geschockt, hoffte aber trotzdem, dass die Chemotherapie Joachim helfen würde. Doch obwohl Joachim sie gebeten hatte, ihr alles, was sie von den Ärzten über seinen Zustand wusste, zu erzählen, brachte sie es nicht übers Herz, ihm von der Aussage des Arztes zu berichten – sie wollte Joachim und sich nicht die Hoffnung nehmen. Obwohl die Chemotherapie in der Lungenklinik in Gauting erst Anfang Januar 2011 beginnen sollte, entschied sich Römer, pragmatisch wie er war, gleich im Krankenhaus zu bleiben und die Behandlung schon am 28. Dezember über sich ergehen zu lassen. Nachdem er scheinbar alles gut überstanden hatte und sein Körper keinerlei negative Reaktionen gezeigt hatte, durfte er am 30. Dezember wieder nach Hause. Allerdings waren Joachim und Gabriela noch nicht richtig daheim angekommen, da begann sich Römers Zustand schlagartig zu verschlechtern. Er musste sich übergeben und konnte überhaupt nichts mehr zu sich nehmen. Seine Schmerzen wurden so schlimm, dass ihm der Hausarzt Silvester und Neujahr Morphium spritzen musste. Eine Blutuntersuchung zeigte, dass Römer viel zu wenig weiße Blutkörperchen hatte. Er musste sofort mit dem Notarzt wieder in die Klinik. Zwei Tage lang versuchten die Ärzte alles, was möglich war, doch ohne Erfolg. Am 5. Januar 2011 erlag Joachim Römer seiner Krankheit und starb im Alter von 72 Jahren.

Sein Vermächtnis: Firma und Stiftung 2003 meldete Joachim Römer sein letztes Patent an. Dabei handelt es sich um ein pneumatisch oder elektromagnetisch betätigtes Ventil.[2] Es ist mit einem Ventilkörper versehen, der an einem Ende eines Schwenkhebels angebracht ist. Der Ventilkörper schließt in einer ersten Schließ- und Schwenkposition gegen einen Ventilsitz, wodurch der Strömungsweg verschlossen wird. In einer zweiten Position wird der Strömungsweg wieder freigegeben, um einen Durchfluss durch das Ventil zu einem oder mehreren Ausgängen zu ermöglichen. Die Innovation liegt in einem neuartigen Betätigungsmechanismus, der besonders wirksam gegenüber der Fluidströmung abgedichtet ist. Römer ist es durch seine Konstruktion gelungen, ein pneumatisch betätigtes Ventil zu bauen, das sich durch seine Kompaktheit und preisgünstige Herstellung auszeichnet. Und obwohl das Ventil ohne einen zusätzlich vorgeschalteten Druckminderer arbeitet, hält die Dichtfläche den Anforderungen stand.

Römers letzte Entwicklung für die AVS Ingenieur J.C. Römer GmbH ist das Magnetventil Typ EDV. Bei diesem sogenannten „trockenen Magnetventilsystem" werden der gesamte Ankerraum und das Führungsrohr im Inneren des Ventils nicht von der Flüssigkeit umspült. Dadurch, dass die Flüssigkeit nach unten abläuft und das Ventil trocken bleibt, ist eine Bakterienbildung erschwert. Deswegen ist Römers Magnetventil vor allem für die Lebensmittel- und Getränkeindustrie eine sehr nützliche Entwicklung.[3]

Anfang 2008 musste sich Joachim Römer aufgrund seines schlechten Gesundheitszustandes aus dem operativen Geschäft seines Unternehmens

MEIER
KRAN

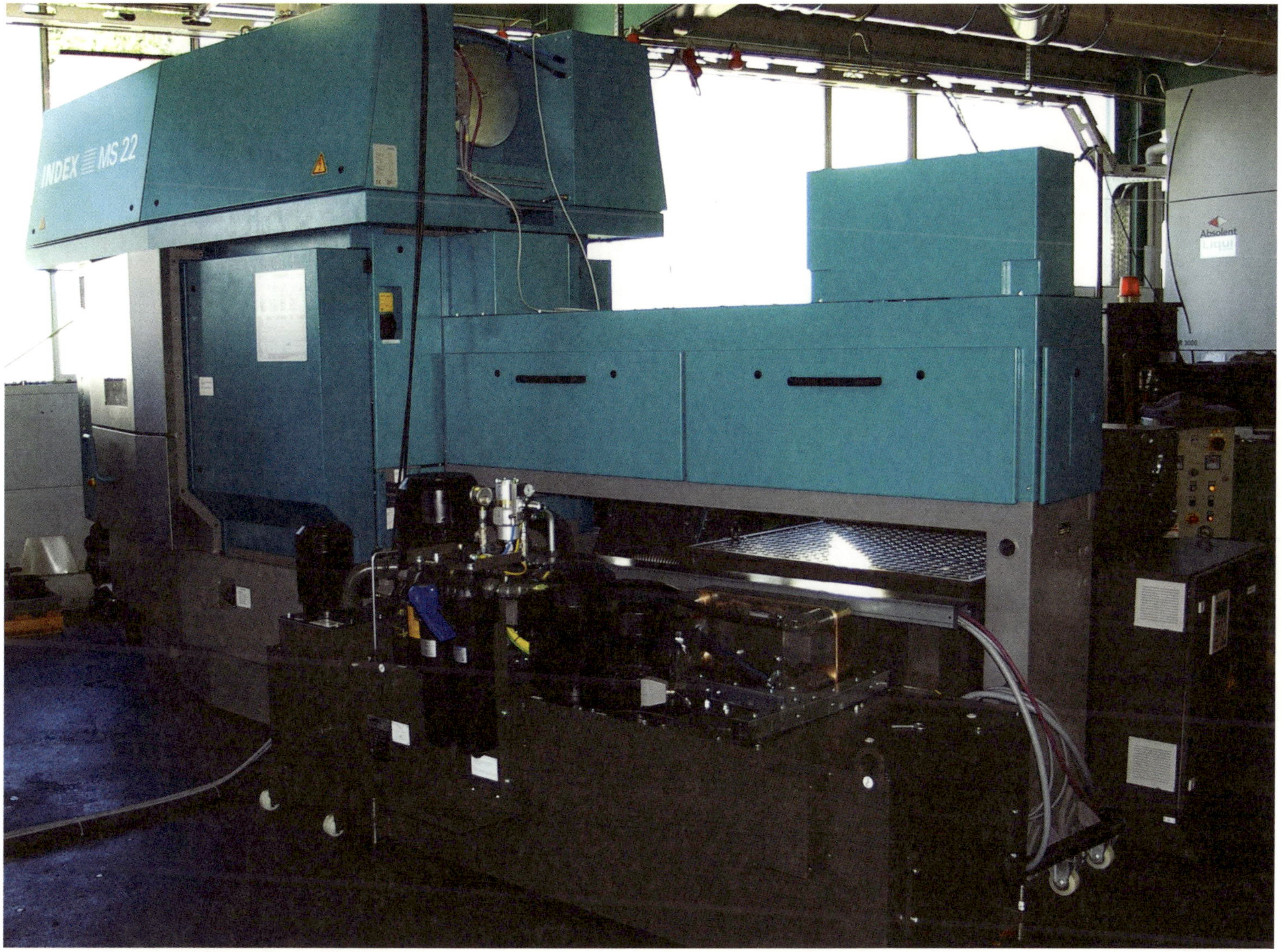

Eine STAR schwebt ein. Die Drehmaschinen waren Römers letzte Investition und er begutachtete sie selbst in Aktion.

Die neue INDEX-Maschine steht. Die INDEX wurde zwar längere Zeit mit Joachim Römer diskutiert, den Startschuss für die Investition gab letztendlich Gabriela Römer erst nach Joachim Römers Tod.

zurückziehen. Die langjährigen Mitarbeiter Robert Süß und Roland Meier erhielten Prokura. Dank der leitenden Angestellten und dank der Belegschaft gab es keinerlei Beinträchtigungen im Unternehmen. Alle arbeiteten fleißig weiter und hielten in dieser schwierigen Situation zusammen.[4]

Joachim Römers Nachfolge musste geregelt werden. Richard Wander erinnert sich an das letzte Telefonat mit seinem Chef Ende Dezember 2010, in dem Römer ihm mitteilte, dass er aufgrund seiner Chemotherapie ein paar Wochen ausfallen würde. Vorsichtig erinnerte Wander daran, Römer müsse sich über die Zukunft der Firma Gedanken machen. Widerwillig entgegnete Römer, dass er das selbst wüsste. Joachim Römer war sich der Verpflichtung gegenüber seinen Mitarbeitern bewusst.[5]

Das Verwaltungsgebäude der AVS Römer in Königsdorf. Im Dezember 1997 zogen die gesamte Verwaltung sowie der Verkauf von Römers Unternehmen nach Königsdorf, einem kleinen Ort, 50 Kilometer von München entfernt.

In seinem Testament hat Joachim Römer seine Frau Gabriela als alleinige Eigentümerin des Unternehmens eingesetzt. Joachim Römer hatte seine Frau bestärkt, die Aufgabe, die er ihr zudachte, zu übernehmen, und er zerstreute ihre Zweifel: „Du kannst das mit der Firma." Gabriela Römer betont immer wieder: „Es ehrt mich sehr, dass Joachim mir soviel zutraute."[6]

Gabriela und Joachim Römer waren sich aber auch einig, dass eine „Joachim C. Römer-Stiftung" gegründet werden soll, der Frau Römer dann auch Anteile des Unternehmens übertragen sollte. Joachim Römer hatte oft davon gesprochen, mit einer Stiftung den Tierschutz zu unterstützen. Doch im Dezember 2010 kamen Joachim und Gabriela Römer, Robert Süß und Roland Meier überein, den Zweck der Stiftung auf die Förderung von Nachwuchstechnikern auszurichten. Mit dieser Idee konnte sich Joachim Römer sehr gut identifizieren, war ihm doch die Ausbildung junger Nachwuchskräfte schon immer sehr wichtig gewesen, was auch dadurch deutlich wird, dass die AVS Ing. J. C. Römer GmbH seit ihrem Bestehen allein am Standort Grafenau über 60 Lehrlinge ausgebildet hat.

Die Stiftung wurde am 1. Dezember 2011 eingerichtet. Die Satzung datiert ebenfalls vom 1. Dezember 2011, die Anerkennung als rechtsfähige gemeinnützige Stiftung durch die Regierung von Niederbayern erfolgte am 28. Dezember 2011. Stifter sind Gabriela Römer und die AVS Ing. J. C. Römer

Produktion in Grafenau. Während in Langenberg große Werkstücke produziert werden, stellt die AVS Römer in Grafenau „Massenteile“ wie Verschraubungen oder Ventile her.

Produktion in Langenberg. Nachdem das Auslieferungslager in Straßlach nicht mehr genügte, wurde 1991 das zweite Werk in Langenberg gegründet. Olaf Kirsten, seit 1991 Betriebsleiter, und 39 weitere Mitarbeiter sind hier für die Produktion, die Zentrallagerung sowie den Versand von Fertigprodukten verantwortlich.

GmbH. Der Stiftungsvorstand besteht aus dem Wirtschaftsprüfer Hermann Hien, dem bisherigen Betriebsleiter Richard Wander und dem Politikwissenschaftler Christoph Cegla.[7]

In der Präambel der Stiftungssatzung heißt es: „Herr Joachim Christian Römer, geboren am 6. Februar 1938, war Gründer der Firma AVS Ing. J. C. Römer GmbH und bis zu seinem Tode am 5. Januar 2011 deren geschäftsführender Alleingesellschafter. Ihm war im besonderen Maße an der Forschung auf dem Gebiet des Maschinenbaus und naheliegender Bereiche, insbesondere auch der Fluidtechnik gelegen, ebenso an der akademischen und beruflichen Aus- und Weiterbildung auf dem Gebiet des einschlägigen Ingenieurwesens und dazu verwandter technischer Berufe, dabei insbesondere des Nachwuchses an Ingenieuren und in technischen Berufszweigen. In Achtung gegenüber der Person und dem Lebenswerk des Firmengründers und in dem Bestreben, dessen Bemühungen insbesondere um den Ingenieurnachwuchs auch weiterhin Geltung zu verschaffen, wurde die ‚Joachim Christian Römer Stiftung (J. C. Römer Stiftung)‘ errichtet.“

Bereits im Vorfeld der Stiftungsgründung wurde der Kontakt mit der Fachhochschule Deggendorf aufgenommen. Am 14. Oktober 2011 fand ein Richtfest für fünf neue Gebäude der Fachhochschule statt. Die Firma AVS beteiligt sich mit einer hohen Summe am Bau eines dieser Foren, das den Namen „Joachim C. Römer“ tragen wird. Im Zusammenhang mit dem Engagement in Deggendorf wurde zudem vereinbart, dass die Firma AVS Römer für Studenten der Fachhochschule Praktikumsplätze bereitstellt. Im Gegenzug kann die Firma die Labore der Fachhochschule nutzen.

Nachdem Joachim Römer am 5. Januar 2011 verstorben war, wurde die Geschäftsführung zwischen seiner Frau Gabriela als geschäftsführender Gesellschafterin, Robert Süß und Richard Didyk als Geschäftsführer aufgeteilt. Richard Wander, der Werksleiter in Grafenau, wurde zum Prokuristen der Firma ernannt. Im Hinblick auf die unternehmerische Strategie hat sich kaum etwas verändert. Man bleibt Joachim Römers Bestreben treu, als Nischenanbieter zu agieren und die Produkte individuell so anzubieten, wie

2011 wurde zu Ehren von Joachim C. Römer eine gleichnamige Stiftung gegründet, die zum Ziel hat, Studenten u. a. der Fachhochschule Deggendorf zu unterstützen. Die Abbildung zeigt das Hauptgebäude der Deggendorfer Fachhochschule.

Norbert Sterl vom Staatlichen Bauamt, der Bayerische Staatsminister für Wissenschaft Dr. Wolfgang Heubisch und der Präsident der Hochschule für angewandte Wissenschaften Prof. Dr. Reinhard Höpfl bei der Grundsteinlegung für die Erweiterungsbauten der Hochschule am 14.Oktober 2011. Die Joachim C. Römer Stiftung beteiligt sich an den Baukosten für eines der Gebäude.

sie der Kunde benötigt. Damit ist auch die Tatsache zu erklären, warum man im Firmenkatalog, den Römer noch selbst zusammengestellt und entworfen hat, lediglich 30 Prozent der etwa 6.300 produzierten Artikel finden kann. Die übrigen 70 Prozent sind speziell für den Kunden angefertigte Komponenten.[8]

Erste wichtige Schritte der neuen Geschäftsführung betrafen die weitere Moderniserung des Maschinenparks. So wurden im Jahr 2011 sechs neue Maschinen angeschafft, u.a. eine INDEX-Maschine zur Bearbeitung von Edelstahl, die etwa 1 Mio. Euro gekostet hat. Eine räumliche Veränderung ist für Grafenau mit einem Gesamtkonzept und dem Anbau einer neuen Halle geplant. Das Firmenlogo hat sich leicht verändert, und an der Attraktivität der Webseiten wird gearbeitet. „Wäre Joachim nicht verstorben, hätte er diese Veränderungen im Januar 2011 sicher selbst in Angriff genommen", sagt Gabriela Römer. Für 2012 plant das Unternehmen weitere Investitionen. Alle zukunftsorientierten Entwicklungen der neuen Geschäftsführung wären nicht möglich, hätte Joachim Römer nicht durch seinen Unternehmergeist, durch sein Gespür für Wirtschaftlichkeit und durch seine Technikbegeisterung mit Erfindungsgabe die Grundlagen dafür geschaffen. Sein Lebenswerk ist Teil der Zukunft vieler Menschen.[9]

Urkunde der Joachim C. Römer Stiftung. Römer selbst und seine Frau hatten die Idee zur Stiftungsgründung. Sie wurde nach seinem Tod gegründet und wird die Erinnerung an den Unternehmer und Techniker Joachim C. Römer wachhalten.

12-1222.7212-1

Anerkennungsurkunde

Die von

der AVS Ing. J. C. Römer GmbH, Königsdorf, und Frau Gabriela Römer

mit Stiftungsgeschäft vom 01.12.2011
errichtete

Joachim Christian Römer Stiftung
(J. C. Römer Stiftung)

wird gemäß §§ 80, 81 BGB als rechtsfähige Stiftung
des bürgerlichen Rechts mit Sitz in Grafenau, Landkreis Freyung-Grafenau,
anerkannt.

Landshut, 28. Dezember 2011
Regierung von Niederbayern

Heinz Grunwald
Regierungspräsident

Anhang

ENDNOTEN

Kapitel 1

1 Zeitzeugengespräch mit Christof Römer, 07.07.11, Grundbucheintragung (Gemarkung 8.700, Blattnummer 3975).
2 Meier, Robert: Feurich-Keks und Zuckerbär, Geschichten und Anekdoten aus dem alten Würzburg, Gudensberg-Gleichen 2005, S. 50.
3 Münzing, Heinz-Peter; Deprosse, Erwin: 1200 Jahre Pullach i. Isartal 806–2006 (=Pullacher Schriftenreihe, Bd. 3), Pullach i. Isartal 2006, S. 12.
4 Drube, Herbert: Pullach im Isartal. Unsere Heimat in Vergangenheit und Gegenwart, Pullach 1982, S. 105.
5 Ebd., S. 43 ff. Auch zu Folgendem.
6 www.ns-dokumentationszentrum-muenchen.de [12.06.11].
7 Drube, Pullach im Isartal, S. 152.
8 Münzing; Deprosse, 1200 Jahre Pullach i. Isartal 806–2006, S. 19.
9 Ebd., S. 104 ff.
10 Zeitzeugengespräch mit Christof Römer, 07.07.11.
11 www.ns-dokumentationszentrum-muenchen.de [12.06.11].
12 Drube, Pullach im Isartal, S. 141 ff. Auch zu Folgendem.
13 Tagebucheintrag vom 15. Mai 1945, in: Drube, Pullach im Isartal, S. 189. Auch zu Folgendem.
14 Münzing; Deprosse, 1200 Jahre Pullach i. Isartal 806–2006, S. 209. Auch zu Folgendem.
15 Zeitzeugengespräch mit Gabriela Römer, 14.11.11.
16 Ebd. und Zeitzeugengespräch mit Christof Römer, 07.07.11.
17 Drube, Pullach im Isartal, S. 131.
18 Münzing; Deprosse, 1200 Jahre Pullach i. Isartal 806–2006, S. 17.
19 Sohn von Onkel Walter.
20 www.wiwo.de/unternehmen-maerkte/wie-max-herz-sein-tchibo-imperium-schuf-394186/ [31.08.11].
21 Ebd.
22 Gymnasium Icking (Hg.): Festschrift, 75 Jahre Gymnasium Icking, 1921–1996, Icking 1996, S. 35 ff. Auch zu Folgendem.
23 www.gym-icking.de/schulgeschichte [04.07.11].
24 Drube, Pullach im Isartal, S. 171.
25 Festschrift, 75 Jahre Gymnasium Icking, S. 48 ff. Auch zu Folgendem.
26 www.gym-icking.de/schulgeschichte [04.07.11].
27 Festschrift, 75 Jahre Gymnasium Icking, S. 48 ff. Auch zu Folgendem.
28 Zeitzeugengespräch mit Gabriela Römer, 14.11.11.
29 Zeitzeugengespräch mit Bolko von Brunn, 07.07.11.
30 Zeitzeugengespräch mit Gabriela Römer, 14.11.11.
31 Zeitzeugengespräch mit Erika Eggelsmann, 07.07.11.
32 Ebd.
33 Zeitzeugengespräch mit Gabriela Römer, 14.11.11.
34 Zeitzeugengespräch mit Eleonore Schmidt und Christian Zentner, 09.07.11.
35 Zeitzeugengespräch mit Christof Römer, 07.07.11.
36 Festschrift, 75 Jahre Gymnasium Icking, S. 58 f.
37 www.gym-icking.de/schulgeschichte [04.07.11].
38 Zeugnis Landratsamt München-Kreisjugendamt.
39 Zeitzeugengespräch mit Adelheid Schmidt-Thomé, 04.08.11.
40 Zeitzeugengespräch mit Christof Römer, 07.07.11.

Kapitel 2

1 http://de.wikipedia.org/wiki/Bayernwerk [22.07.11].
2 Zeitzeugengespräch mit Eleonore Schmidt und Christian Zentner, 09.07.11.
3 http://de.wikipedia.org/wiki/United_Artists [20.07.11].
4 Zeitzeugengespräch mit Eleonore Schmidt und Christian Zentner, 09.07.11.
5 Kirchner, Peter: Die Cluster-Region Heilbronn-Franken, Ubstadt-Weiher 2011, S. 78.
6 Deutsches Patent- und Markenamt, Patentschrift DE1013807, Anmeldedatum 07.07.1952.
7 Deutsches Patent- und Markenamt, Patentschrift DE1003877, Anmeldedatum 18.07.1953.
8 Deutsches Patent- und Markenamt, Patentschrift AT187211, Anmeldedatum 18.12.1953.
9 Deutsches Patent- und Markenamt, Patentschrift AT190186, Anmeldedatum 11.06.1957.
10 Kirchner, Peter: Die Cluster-Region Heilbronn-Franken, Ubstadt-Weiher 2011, S. 81.
11 Ölhydraulik und Pneumatik 24, Nr. 9 (1980), S. 632.
12 www.buerkert.de/DEU/177.html [23.07.11] und www.ingelfingen.de/data/persoenlichkeiten.php [27.08.11].
13 Zeitzeugengespräch mit Richard Wander, 07.11.11.

Kapitel 3

1 http://de.wikipedia.org/wiki/Grundig_AG [20.07.11] und www.grundig.de/unternehmen/grundig-history/jahre-1945–1954.html [20.07.11].
2 www.fachlexika.de/technik/mechatronik/fluid.html [26.07.11]. Auch zu Folgendem.
3 Albrecht, Joachim E.: Energetischer Vergleich pneumatischer, hydraulischer

und elektromechanischer Antriebs- und Werkzeugsysteme, in: Bundesamt für Konjunkturfragen (Hg.): Materialien zum Impulsprogramm RAVEL, Bern, S. 1.
4 Produktprospekt Firma Christian Bürkert, Magnetventil Typ 487.
5 Schlick, Gerhard H.: Ventile in unserem Leben. Ein Beitrag zur Technikgeschichte, Würzburg 1978, S. 9 ff. Auch zu Folgendem.
6 Ebd., S. 141.
7 Ebd., S. 265.
8 Schlick, Gerhard H.: Sicherheit, Zuverlässigkeit und Verfügbarkeit von Maschinen, Geräten und Anlagen mit Ventilen, Fallsammlung, Lösungsvarianten, Praxisbeispiele, Renningen-Malmsheim 2001, S. 1.
9 Stöhr, Volker: Zu einigen Aspekten der beginnenden Automatisierung in ausgewählten Bereichen der metallverarbeitenden Industrie, in: Technische Universität Dresden (Hg.): Dresdener Beiträge zur Geschichte der Technikwissenschaften 16 (1988), S. 32.
10 Zachmann, Karin: Anfänge der Automatisierung auf mechanischer Grundlage in der deutschen Textilindustrie vor dem Ersten Weltkrieg, in: Technische Universität Dresden (Hg.): Dresdener Beiträge zur Geschichte der Technikwissenschaften 16 (1988), S. 21.
11 Ölhydraulik und Pneumatik 19, Nr. 4 (1975), S. 237.
12 Schlick, Ventile in unserem Leben, S. 159.
13 Ölhydraulik und Pneumatik 4, Nr. 4 (1960), S. 91.
14 Zeitzeugengespräch mit Roland Meier und Robert Süß, 05.10.11.
15 Amtsgericht München, HRB 49944-AVS Ingenieur J. C. Römer GmbH.
16 Zeitzeugengespräch mit Gabriela Römer, 14.11.11.
17 Zeitzeugengespräch mit Roland Meier und Robert Süß, 05.10.11.
18 Ölhydraulik und Pneumatik 24, Nr. 1 (1980), S. 12.

Kapitel 4

1 Zeitzeugengespräch mit Roland Meier und Robert Süß, 05.10.11. Auch zu Folgendem.
2 Zeitzeugengespräch mit Richard Wander, 07.11.11. Auch zu Folgendem.
3 Zeitzeugengespräch mit Roland Meier und Robert Süß, 05.10.11.
4 Zeitzeugengespräch mit Richard Wander, 07.11.11, und Zeitzeugengespräch mit Roland Meier und Robert Süß, 05.10.11.
5 www.produktion.de/top-story/pneumatik-ist-weiter-gefragt [05.08.11].
6 Deutsches Patent- und Markenamt, Patentschrift DE8107559U1, Anmeldedatum 16.03.1981.
7 Deutsches Patent- und Markenamt, Patentschrift DE3110839C2, Anmeldedatum 19.03.1981.
8 Ebd.
9 Ölhydraulik und Pneumatik 29, Nr. 3 (1985), S. 128.
10 Ölhydraulik und Pneumatik 29, Nr. 12 (1985), S. 856.
11 Ölhydraulik und Pneumatik, Konstruktionsjahrbuch 1985/85, S. 159, 165, 171.
12 Deutsches Patent- und Markenamt, Patentschrift DE3875961T2, Anmeldedatum 22.06.1988.
13 Zeitzeugengespräch mit Roland Meier und Robert Süß, 05.10.11. Auch zu Folgendem.
14 Archiv AVS Römer, Eröffnungsrede von Joachim Römer, 14.09.1992.
15 Zeitzeugengespräch mit Richard Wander, 07.11.11.
16 Ölhydraulik und Pneumatik 38, Nr. 11 (1994), S. 686.
17 Deutsches Patent- und Markenamt, Patentschrift DE4221112A1, Anmeldedatum 26.06.1992.
18 Ölhydraulik und Pneumatik 38, Nr. 11 (1994), S. 686.
19 Zeitzeugengespräch mit Roland Meier und Robert Süß, 05.10.11, und Zeitzeugengespräch mit Richard Wander, 07.11.11.

Kapitel 5

1 Zeitzeugengespräch mit Gabriela Römer, 14.11.11.
2 http://de.wikipedia.org/wiki/Oldtimer [09.06.11].
3 www.automobile-oldtimer.de/definition/neue-fiva-oldtimer-definition [09.06.11].
4 McLaughlin, Paul G.: Illustrated Ford Model T & Model A, Buyer's guide, Wisconsin 1994, S. 7.
5 Schulz, Gregor: Ford Modell T, in: Oldtimer Markt 9 (2008), S. 171.
6 McLaughlin, Illustrated Ford Model T & Model A, S. 51, 55.
7 Ramackers, Dirk: Kaufberatung Ford Model T, in: Oldtimer Markt 6 (2003), S. 36.
8 Zeitzeugengespräch mit den Gründungsmitgliedern des Model-T-Alpenchapter Bavaria & Austria, 14.06.11. Auch zu Folgendem.
9 Wolfram, Jürgen: Gewächshaus als Showroom für Oldtimer, in: Süddeutsche Zeitung Nr. 3, 4. Januar 2008, S. R 3.
10 Zeitzeugengespräch mit den Gründungsmitgliedern des Model-T-Alpenchapter Bavaria & Austria, 14.06.11. Auch zu Folgendem.
11 Zeitzeugengespräch mit Georg Maier, 05.07.11.
12 Zeitzeugengespräch mit den Gründungsmitgliedern des Model-T-Alpenchapter Bavaria & Austria, 14.06.11.
13 Steinfurth, Peter: Für eine Hand voll Rost. Ein Rückblick in die Kinderstube der Oldtimer-Szene, in: Oldtimer Markt 10 (2005), S. 52. Auch zu Folgendem.
14 Zeitzeugengespräch mit den Gründungsmitgliedern des Model-T-Alpenchapter Bavaria & Austria, 14.06.11.
15 www.model-t-alpenchapter.de/index.html [18.06.11].
16 Zeitzeugengespräch mit den Gründungsmitgliedern des Model-T-Alpenchapter Bavaria & Austria, 14.06.11.
17 Schulz, Gregor: Ford Modell T, in: Oldtimer Markt 9 (2008), S. 173.
18 Zeitzeugengespräch mit den Gründungsmitgliedern des Model-T-Alpenchapter Bavaria & Austria, 14.06.11. Auch zu Folgendem.
19 Teilnehmerliste des 4. Oldtimer-Treffens in Wolfratshausen, in: Veranstaltungsbroschüre zum 4. Oldtimer-Treffen am 10.09.2000 in Wolfratshausen für Automobile, Gespanne und Motorräder, S. 4.

20 Teilnehmerliste des 6. Oldtimer-Treffens in Wolfratshausen, in: Veranstaltungsbroschüre zum 6. Oldtimer-Treffen am 14.09.2003 in Wolfratshausen für Automobile, Gespanne und Motorräder, S. 4.
21 Römer, Joachim C.: Lebenslauf eines Wolseley 6 H. P. – Baujahr 1904, in: Veranstaltungsbroschüre zum 6. Oldtimer-Treffen am 14.09.2003 in Wolfratshausen für Automobile, Gespanne und Motorräder, S. 17 f.
22 Zeitzeugengespräch mit Georg Maier, 05.07.11.
23 Ebd. und Zeitzeugengespräch mit Eleonore Schmidt und Christian Zentner, 09.07.11. Auch zu Folgendem.
24 Zeitzeugengespräch mit Gabriela Römer, 14.11.11.
25 Zeitzeugengespräch mit Georg Maier, 05.07.11. Auch zu Folgendem.
26 Ebd.
27 Zeitzeugengespräch mit Eleonore Schmidt und Christian Zentner, 09.07.11, und Zeitzeugengespräch mit Gabriela Römer, 14.11.11.
28 Zeitzeugengespräch mit Georg Maier, 05.07.11.
29 Zeitzeugengespräch mit Eleonore Schmidt und Christian Zentner, 09.07.11.
30 Zeitzeugengespräch mit Georg Maier, 05.07.11, und Zeitzeugengespräch mit Gabriela Römer, 14.11.11.
31 Zeitzeugengespräch mit Gabriela Römer, 14.11.11. Auch zu Folgendem.
32 Ebd.
33 Zeitzeugengespräch mit Eleonore Schmidt und Christian Zentner, 09.07.11.
34 Zeitzeugengespräch mit Gabriela Römer, 14.11.11. Auch zu Folgendem.
35 Zeitzeugengespräch mit Georg Maier, 05.07.11.
36 Zeitzeugengespräch mit Christof Römer, 07.07.11. Auch zu Folgendem.

Kapitel 6

1 Zeitzeugengespräch mit Gabriela Römer, 14.11.11. Auch zu Folgendem.
2 Deutsches Patent- und Markenamt, Patentschrift DE10315794, Anmeldedatum 07.04.2003 und Deutsches Patent- und Markenamt, Patentschrift EP04005361, Anmeldedatum 05.03.2004.
3 Zeitzeugengespräch mit Roland Meier und Robert Süß, 05.10.11.
4 Zeitzeugengespräch mit Gabriela Römer, 14.11.11. Auch zu Folgendem.
5 Zeitzeugengespräch mit Richard Wander, 07.11.11.
6 Zeitzeugengespräch mit Gabriela Römer, 14.11.11. Auch zu Folgendem.
7 Archiv AVS Römer GmbH, Stiftungsunterlagen. Auch zu Folgendem.
8 Zeitzeugengespräch mit Roland Meier und Robert Süß, 05.10.11. Auch zu Folgendem.
9 Zeitzeugengespräch mit Gabriela Römer, 14.11.11.

BILDNACHWEIS

Deutsches Patent- und Markenamt: S. 58
Firmenarchiv der AVS Ingenieur J. C. Römer GmbH: S. 42, 43, 50, 51, 52, 55, 57, 60, 61, 62, 88, 89, 90, 91
Privatarchiv Familie Römer: S. 8, 10, 11, 14, 15, 16, 17, 19, 20, 21, 22, 23, 24, 25, 28, 30, 31, 32, 33, 34, 35, 38, 40, 45, 48, 64, 66, 68, 69, 70, 72, 74, 75, 78, 79, 80, 82, 84, 85, 86, 92, 93
Produktkatalog o. J. „Flexible Pneumatikventile Typ 375 und das Modulsystem Typ 470" der Firma Christian Bürkert GmbH & Co. KG: S. 37
Pullach aktiv e. V.: S. 12, 13, 26
Staatliches Bauamt Passau: S. 92